U0135041

著◎喬治·史皮婁
（George G. Szpiro）

譯◎郭婷瑋

數字的祕密生命

The Secret Life of Numbers
50 Easy Pieces on How Mathematicians Work and Think

生活中最有趣的50個數學故事，
　　像數學家一樣思考

國家圖書館出版品預行編目資料

數字的祕密生命：生活中最有趣的50個數學故事，
像數學家一樣思考／喬治・史皮婁（George G. Sz-
piro）著；郭婷瑋譯. -- 二版. -- 臺北市：臉譜，城邦
文化出版：家庭傳媒城邦分公司發行, 2011.05
　　面；　公分. --（科普漫遊；FQ1001X）
譯自：The Secret Life of Numbers: 50 Easy Pieces on
　　　How Mathematicians Work and Think

ISBN 978-986-120-813-8（平裝）

1. 數學　2. 歷史

310.9　　　　　　　　　　　　　　　100008319

THE SECRET LIFE OF NUMBERS: 50 Easy Pieces on How Mathematicians Work and Think
by George G. Szpiro
Copyright © 2005 by George G. Szpiro
Complex Chinese translation copyright © 2011 by Trio Publications, a division of Cité Publishing Ltd.
Published by arrangement with New England Publishing Associates, Inc.,
through the Chinese Connection Agency, a division of The Yao Enterprises, LLC.
All rights reserved.

科普漫遊 FQ1001X

數字的祕密生命

生活中最有趣的50個數學故事，像數學家一樣思考

作　　　者　喬治・史皮婁（George G. Szpiro）
譯　　　者　郭婷瑋
副 總 編 輯　劉麗真
主　　　編　陳逸瑛、顧立平

發 行 人　涂玉雲
出　　版　臉譜出版
　　　　　城邦文化事業股份有限公司
　　　　　台北市中山區民生東路二段141號5樓
　　　　　電話：886-2-25007696　傳真：886-2-25001952
發　　行　英屬蓋曼群島商家庭傳媒股份有限公司城邦分公司
　　　　　台北市中山區民生東路二段141號11樓
　　　　　客服服務專線：886-2-25007718；25007719
　　　　　24小時傳真專線：886-2-25001990；25001991
　　　　　服務時間：週一至週五上午09:30-12:00；下午13:30-17:00
　　　　　劃撥帳號：19863813　戶名：書虫股份有限公司
　　　　　讀者服務信箱：service@readingclub.com.tw
香港發行所　城邦（香港）出版集團有限公司
　　　　　香港灣仔駱克道193號東超商業中心1樓
　　　　　電話：852-25086231　傳真：852-25789337
　　　　　E-mail：hkcite@biznetvigator.com
馬新發行所　城邦（馬新）出版集團 Cité (M) Sdn. Bhd.
　　　　　41, Jalan Radin Anum, Bandar Baru Sri Petaling, 57000 Kuala Lumpur, Malaysia
　　　　　電話：603-90578822　傳真：603-90576622
　　　　　E-mail: cite@cite.com.my

二 版 一 刷　2011年 5 月24日
二 版 三 刷　2012年11月13日

城邦讀書花園
www.cite.com.tw

版權所有・翻印必究（Printed in Taiwan）
ISBN 978-986-120-813-8

定價：260元

（本書如有缺頁、破損、倒裝，請寄回更換）

前言

　　每當有社會名流在雞尾酒會中，以複誦幾句不知名詩詞來炫耀才氣時，旁人都會認為他飽讀詩書、充滿智慧。然而，引述數學公式就沒有這種效果，頂多只能招來一些憐憫的眼光，以及「酒會第一號討厭鬼」的封號。面對一致點頭表示同意的雞尾酒會群眾，大多數旁觀者都會承認自己的數學不好、從來就沒好過、將來也不會變好。

　　這真是讓人感到訝異！想像你的律師告訴你他不太會拼字、你的牙醫驕傲地宣布他不會講外語、財務管理顧問很高興地承認他老是分不清伏爾泰（Voltaire）和莫里哀（Molière）。你大有理由認為這些人無知，但數學卻不是這樣，所有人都能接受對於這門學科的無知與缺陷。

　　我已將導正此種情況視為自己的任務，本書包括了過去三年來，我為瑞士報紙《新蘇黎世報》（Neue Zürcher Zeitung），以及其《新蘇黎世報星期增刊版》（NZZ am Sonntag）所寫的數學短文。我希望讓讀者不僅了解這門學問的重要性，也能欣賞它的美麗與優雅。我也沒有忽視有時有點怪里怪氣的數學家們的趣聞與生平事蹟，在可能的範圍之內，盡量讓讀者大略了解相關的理論與證明，數學的複雜性不應該被隱藏或誇大。

　　無論數學或我的數學新聞工作者生涯，都不是依直線模式演化。我在蘇黎世聯邦理工學院（Eidgenössische Technische Hochschule Zürich）攻讀數學與物理，之後換了幾個工作，最後成為《新蘇黎世報》派駐耶路撒冷的記者。我的工作是報告中東最新情勢，但我最初對數學的熱愛卻從未稍減，當一個有關對稱性的會議在海法舉辦時，為了報導這場聚會，我說服我的編輯派我前往以色列北邊的海法，結果這篇文章成為我為這家報社所寫過的最佳報導（它幾乎和搭乘豪華郵輪沿著多瑙河駛至布達佩斯一樣棒，但這是另一個故事）。自此之後，我就開始撰寫以數學為主題的文章。

　　2002年3月，我有一個機會得以較常態地利用我對數學的興趣。《新蘇黎世報星期增刊版》開了一個每月專欄，名叫「喬治‧史皮婁的小小乘法表」（George Szpiro's little multiplication table）。我很快就發現，讀者的反應比預期要好。記得早期，有一次我把一位數學家的生日寫錯了，結果招來將近二十四封讀者投書，從語帶嘲諷到暴跳憤怒都有。一年之後，我有幸獲得一份殊榮，瑞士科學院（Swiss Academy of Sciences）將2003年度媒體獎頒給我的專欄。2005年12月，倫敦皇家學會（Royal Society of London）提名我參加歐盟笛卡兒科學傳播獎（European Commission Descartes Prize for Science Communication）決選。

　　我要感謝在蘇黎世的編輯──凱薩琳‧梅爾—露絲特（Kathrin Meier-Rust）、安德瑞斯‧赫斯坦（Andreas

Hirstein)、克里斯汀・史貝雪（Christian Speicher）與史蒂
芬・貝雄（Stefan Betschon），感謝他們的耐心與知識豐富的
編輯成果。感謝在倫敦的姐姐伊芙・柏克（Eva Burke）勤奮
地幫我翻譯這些文章，還有華盛頓特區約瑟夫亨利出版社
（Joseph Henry Press）的傑佛瑞・羅賓斯（Jeffrey Robbins），
他將我的手稿變爲一本有趣的書，即使內容是關於一般常人
認爲比骨頭還硬的科目。

喬治・史皮婁

耶路撒冷，2006年春

目次

第三章

已解開的數學問題

第四章

性情中人

具體與抽象

第一章

歷史花絮

有趣的數學故事：

◎為什麼會有閏年？原來是一年的長度多了點！

◎信不信由你，牛頓曾經算出世界末日是哪一天！

◎如果要找一個老師的天堂，那肯定是蘇黎世！

◎你知道誰是歷史上最著名的數學天才家族？

01

閏年的故事

摘要 現在每年精確的平均長度是365.2425天。不過，你可知道，這又稍稍太長了一點？

2004年初，這個世界發生了每個世紀只會出現四次的現象：2月出現五個星期天。這種事要經過七次閏年才會看到一次，也就是說，每二十八年發生一次。前一次是在1976年發生，而下一次則要等到2032年。

人們發現閏年總有不少奇異特性，例如天文學家早就觀察到，兩個春分的間隔時間是365天5小時48分又46秒，亦即365.242199天，相當接近365.25天，這算是個還蠻不錯的近似值。

1世紀中期，古羅馬的凱撒大帝（Julius Caesar, 100BC-44BC）引進了以他為名的曆法：每年有365天，每隔三年之後接一個閏年，閏年會比其他年分多一天。因此，之後的一千五百年間，每年的平均長度為365.25天。

但是在16世紀末，天主教人士再也無法忍受每年高達十一分鐘又十四秒的誤差，而且梵蒂岡的顧問算出，再過一千年之後，累積的年度誤差會高達整整八天。因此，他們認為再這樣下去，一萬兩千年後的耶誕節會出現在秋天，復活節則要在1月慶祝，所以從長遠來看，教廷無法接受這種誤差。

羅馬教皇格里高利十三世（Pope Gregory XIII, 1502-

1585）經過長久的思考之後，得到一個結論：凱撒大帝所訂出的年（Julian year，通稱儒略年）顯然太長了。

為了彌補這個差距，教皇決定調整曆法，並跳過幾個閏年：刪除第二十五個閏年時原本由凱撒多加上去的那一天[註1]。因此，每個世紀的最後一年（也就是可以被100除盡的那年），其2月只有二十八天（儘管它本來應該是個閏年）。這個刪除了2月最後一天的閏年，被重新命名為「lop leap year」[註2]。於是每個世紀就會有七十五個有365天的平年，二十四個有366天的閏年，還有一個365天的lop leap year，所以平均一年的長度是365.24天。

不過，這樣還是不符合標準，雖然誤差微乎其微，但仍有不足之處。要求更進一步調整的呼聲於為出現，因此教皇和他的顧問又開始絞盡腦汁，得到另一個結論：在每四個lop leap years間再多插進一天。如此一來，循環總算大功告成，而能夠被400除盡的年度就是「loop lop leap year」[註3]。因為在當時，1600年即將來臨，所以1600年便被稱為第一個「loop lop leap year」，而下一個則是西元2000年。

因此，現在每年精確的平均長度是365.2425天（三個世紀年平均長度為365.24天，一個世紀的年平均長度為365.25天）。不過，你可知道，這又稍稍太長了一點？

但教皇格里高利十三世已經受夠了，沒有再修正或調整的打算，甚至連善於長期規畫的教會也不打算更進一步地……吹毛求疵。事實上，每年二十六秒的誤差，即使過了三千三

百二十二年，累積起來也不到一天。

好了，我們現在已經處理完曆法中的誤差，不過凱撒大帝頒布其曆法後的一千五百年間，累積的誤差又該如何處理呢？幸好教皇格里高利十三世的智慧靈巧地解決了這個問題：他直接在1582年中刪除十天。這項壯舉對羅馬教廷還有額外利益：這是個向全世界領袖展示權威的機會，讓他們知道誰才是老大。所以1582年10月4日（星期四）的隔天，多數天主教國家就直接跳到10月15日（星期五）。

但是非天主教國家完全沒有遵守教皇命令的意願。例如，英格蘭及其殖民地（包括美國）直到1752年才跟進，從日曆中拿掉了十一天；俄國在革命後才刪除多餘的日子，因此必須刪掉十三天才夠，後續所產生的複雜結果是，俄國的「十月革命」[註4]實際上是發生在1917年11月。

沒有人知道這樣是否就能盡善盡美，或是將來要如何收場。雖然自從教皇格里高利十三世調整曆法後，似乎一切都還算順利，四百年後卻又出現崩盤的威脅。

科技大幅進步，現在的原子鐘在測量時間的準確度上可以達到10^{-14}[註5]，這相當於每三百萬年的誤差不超過一秒。由於出現了這種測量準確度，使得每年多餘的二十六秒變得難以忍受，因此，筆者想提出一項更進一步的調整：每八個loop lop leap year就刪除一天。

如此，每過三千兩百年，2月將再度只有二十八天，而這也是調整回合中的最後一步，我們稱該年為「lap loop lop

leap year」[註6]，經過微調，平均一年的長度是365.242188天。依據煞費苦心的計算結果，第一個lap loop lop leap year將會在4400年來臨，所以我們還有很長的時間來深思熟慮。平均年長度雖然還是少了一秒，但要花八萬六千四百年的時間，誤差才會累積為一天。這種細微的差異，即使是最嚴苛的數學家及教會人士都可以大步走（lope）……呃，我的意思是說，應付（cope）。

註　釋

1 譯按：1582年，格里高利十三世根據義大利醫生艾洛依休斯・里利烏斯（Aloysius Lilius）提出的方案，對儒略曆做了修正，即為我們現在使用的公曆，也稱為格里曆（Gregorian calendar）。

2 編按：英文的lop有砍、刪除之意，而leap year則是指閏年。

3 編按：英文的loop有循環、環繞、繞圈之意。

4 譯按：俄國的十月革命發生於1917年11月6日，推翻了沙皇的統治。

5 這是表示0.00000000000001的科學方式。

6 編按：英文的lap有圍繞、重疊之意。

02
世界末日
快要到了嗎？

摘要 牛頓預測世界末日應該在1867年發生；不過，我們可以肯定，那一年世界沒有毀滅。大約再過半個世紀，這個世界就會結束。

我們都知道牛頓（Isaac Newton）是17、18世紀最傑出的科學家與數學家，他被稱為物理之父，也是萬有引力定律的創造者。但他真的如同我們所想像的，是個理性的思想家嗎？差得遠了！事實顯示，牛頓也是個致力於《聖經》研讀的基本教義派，他曾寫過超過一百萬字的《聖經》相關文章。

牛頓的目的是要闡釋萬事萬物都有上帝的神祕旨意。依據這位偉大科學家的說法，這些訊息都藏在神聖的經文之中，而牛頓尤其想找出世界末日會在何時降臨的祕密。他堅信基督將會重回人世，並且在地球上建立一個千年神國，而他，牛頓，將以聖徒之一的身分統治世界。不過，牛頓將數千頁關乎宗教思想與計算的文件隱藏，約有半世紀之久。

三百年後，也就是2002年末，哈里法克斯（Halifax）[註1]國王學院（King's College）的加拿大科學史專家史蒂芬·史諾柏林（Stephen Snobelen）[註2]，從一大堆手稿中發現了一

份重要文件，而且這份文件已經在普茲茅斯公爵（Duke of Portsmouth）的家中放了超過兩百年。不過在1936年之前，一般大眾都無緣目睹，直到它們出現在蘇富比拍賣會（Sotheby's）中。

該批收藏被猶太學者及收藏家亞伯拉罕·耶胡達（Abraham Yehuda）購入，他是教伊拉克閃語[註3]的教授。臨終前，他將這批收藏留給以色列國立猶太圖書館（Jewish National Library），從此它們就在以色列希伯來大學（Hebrew University）的檔案櫃中蒙塵。

當史諾柏林看到這些手稿時，剛好瞄到一張紙，在這張紙上，牛頓已經算出了《新約聖經》〈啓示錄〉上所說的世界末日年分，即2060年。牛頓是依據精確的計算過程才得出這項結果。讀完《舊約聖經》〈但以理書〉第七章第二十五節[註4]及〈啓示錄〉後，這位物理學家得到一個結論：三年半代表一個關鍵的期間。數學家爲了方便，以一年三百六十天爲基礎，所以三年半就代表一千兩百六十天，用年取代日後，這位卓越的《聖經》研究者很容易就歸納出，世界會在特定起始日後的一千兩百六十年結束。

所以，現在的問題變成是：起始日是哪一天？

牛頓有幾個日子可以選擇，那些都與他極端厭惡的天主教教義有關。牛頓代表性傳記作者理察·魏斯特福（Richard Westfall, 1924-1996）[註5]指出，牛頓挑出607年作爲關鍵日期，是因爲那一年福卡斯大帝（Emperor Phokas）贈予邦尼

腓三世（Bonifatius III）「所有基督教徒的教宗」（Pope Over All Christians）頭銜，這項敕令等於是將羅馬提升為「教會之首」（caput omnium ecclesarum）。果然值得作為世界末日的起算點！

因為607＋1260＝1867，所以牛頓預測世界末日應該在1867年發生；不過，我們可以肯定，那一年世界沒有毀滅。

牛頓已經為這個問題準備好退路。那位加拿大教授在以色列進行研究時，還碰到了800年這個年分。該年在歷史上也是關鍵性的一年，因為耶誕節那天，教皇里奧三世（Pope Leo III）在羅馬聖彼得大教堂（St. Peter's）為查里曼大帝（Charlemagne）加冕，正式為神聖羅馬帝國揭開序幕。800年加上1260年就等於2060年，大約再過半個世紀，這個世界就會結束。證明完畢！

如果某些讀者讀到最後這幾行，開始覺得有點不安，不妨先放輕鬆喘口氣，因為牛頓還有另一個退路。依據這位卓越物理學家更深入的計算，世界末日還可能再延後，到2370年才會來臨。

註　釋

1 譯按：加拿大東部的河港重鎮。

2 譯按：研究牛頓對《聖經》預言解密方法的加拿大專家，國王學院「牛頓計畫」主任。

3 譯按：古時美索不達米亞、敘利亞、巴勒斯坦和阿拉伯地區
  民族的日常用語。

4 編按：此節經文為「他必向至高者說頂撞的話，並折磨至高
  者的聖民；他想要改變節期和律法；聖民必交付在他手中一
  年、二年、半年」。

5 譯按：美國印第安那大學教授，歷史學家，花了二十年撰寫
  牛頓傳記。

03
老師們的
人間天堂

摘要 在那兒，隨時都可能有學生遲到，通常占一班學生的三分之一，另外三分之一則根本不出現……

蘇黎世的教授們可能不太清楚他們有多幸運，不過，一位受邀至蘇黎世大學講學的客座教授可以大聲證實，在那個城市中教學可說宛如天堂。

一踏進講堂，彷彿黃金時光破曉，一塵不染的黑板閃爍著愉快的期待，盒子裡裝滿全新的粉筆，洗手槽（還供應冷熱水）有乾淨的海綿等著派上用場，另外還有經過特殊設計、類似雨刷的新玩意兒可以把黑板一舉擦乾。一旁的掛勾吊著一條剛洗燙過的方巾，在以海綿和雨刷擦過黑板之後，就用它來為黑板恢復原來的耀眼光彩，而兩部投影機旁邊則擺放著排列整齊的彩色粗頭鉛字筆。

被高級設備包圍的講學者，不禁沮喪地回想起遠方家鄉的大學。在那兒，講學者必須在上課前先自行整理好拉拉雜雜的教材，順便再拿一些衛生紙，以便黑板不乾淨時可以拿來擦一擦，之後在黑板寫滿字時也可以保持一小塊空白的地方。若是需要投影機，必須先向教務處申請，運氣好的話，會有一台古老的怪物可用。拿了特殊格式的收據後，講學者

才能使勁地把這個東西拖過漫長的走廊，途中延長線還不時纏到腳。講完課，這個怪物又好像變得更重了，得再拖回教務處⋯⋯

在蘇黎世，如果教授需要使用裝有特殊軟體的電腦來進行即時示範模擬，那麼他不必安排班級到電腦教室上課，而是由友善的「教室技工」負責。這位技工會穿著整潔的工作服，將一台前晚就已安裝好所需軟體的電腦推進講堂，分秒不差，再把電腦連結上投影機，並將遙控器交給講學者；放心，滑鼠和鍵盤也都準備齊全。

在這裡，好像連難以克服的障礙都可以輕易解決。例如，預定要播放影片的一小時前，講學者忽然發現錄影帶的規格是歐洲不通行的NTSC[註1]系統，當他絕望焦急地衝到教室技工中心時，幸好那兒有個好似蘇黎世小精靈的人耐心為他解釋：首先，NTSC有兩種版本；其次，投影機適用於這兩種規格；還有第三，為了以防萬一，講堂裡會架設**兩種**規格均相容的機器。

開始放映影片前，教室技工為講學者簡單說明如何操作黑板旁邊牆面上的工具面板；對不熟悉的人來說，那個面板看起來大概就像是波音747飛機駕駛艙的儀表板。所有燈光開關與調節、投影機的開關、錄影機與電腦等操作，都可以藉由這個戰略指揮點全盤控制。即使有這麼多預防措施，如果還是發生了不如人意的事，只要馬上打個電話給教室技工中心，一切就沒事了，而且每層樓的每個走廊都有電話可使

用，只要短短幾分鐘，就會有一個熟練又和善的先生到達現場，為講學者解決所有問題。

講堂裡的座位安排可以因不同要求而隨時變動。如果社會學家想要展示團體動力（group dynamic），也能夠將桌椅排得更靠近彼此；但在下一堂課前的休息時間，教室技工就會把桌椅重新排整齊，等上課鈴一響，所有桌椅又回到適當的位置。

還有，學生在每堂課開始之前就已經準備就緒，如果有學生因為遲到而面紅耳赤地咕噥著道歉的詞句，那麼可是會再度勾起講學者痛苦的家鄉回憶。在那兒，隨時都可能有學生遲到，通常占一班學生的三分之一，另外三分之一則根本不出現，遲到的學生驕傲地走進教室，坐下前還不忘先向左右的同學打聲招呼；最慘的是，一旦他們覺得講課內容太無聊，立刻就會開始翻開報紙，看看那天有什麼重要新聞。

註　釋

1 譯按：National Television Standards Committee的縮寫，美規簡稱，美國國家電視標準委員會所制定的電視通訊標準；另外常見的還有PAL及SECAM兩種規格。

04
天才最多也最麻煩的家族

摘要 很不幸地，這些來自巴塞爾的先生們因為太聰明了，所以傲慢又自大，不斷陷入敵對、嫉妒與公開的爭吵中。

丹尼爾・伯努利（Daniel Bernoulli, 1700-1782）可說是歷史上最著名的數學家之一，他已經去世超過兩個世紀。提到伯努利這個姓氏時，必須先指明是哪一個伯努利，因爲這個來自瑞士巴塞爾（Basle）的家族，光是在短短三代中，就出現了八位傑出的數學家。由於這個家族的成員一再使用相同的名字，因此必須建立一套編號系統來辨識父親、兄弟、兒子與堂親。

首先，由雅各一世（Jakob I）和弟弟約翰一世（Johann I）開始〔第三個兄弟尼可拉斯（Nikolaus）是藝術家，因此不需編號〕，下一代是尼可拉斯一世（Nikolaus I）及約翰一世的三個兒子：尼可拉斯二世（Nikolaus II）、丹尼爾（Daniel）與約翰二世（Johann II）。最後，約翰二世的兩個兒子，依循他們偉大祖先的腳步，分別叫作約翰三世（Johann III）及雅各二世（Jakob II）〔由於約翰的三兒子丹尼爾只當到巴塞爾大學（University of Basle）的副教授，因此不需編號，這也

是爲什麼他著名的同名叔叔不需要號碼的原因〕。

　　伯努利家族與牛頓、萊布尼茲（G. W. Leibniz, 1646-1716）、里昂哈德‧尤拉（Leonhard Euler, 1707-1783）[註1]、約瑟夫—路易斯‧拉格朗治（Joseph-Louis Lagrange, 1736-1813）[註2] 等人，稱霸了17世紀與18世紀的數學界及物理界。該家族成員的興趣分布，包括微積分、幾何學、力學、彈道學、熱力學、流體力學、光學、彈性、重力學、天文學及機率理論等不同科目。瑞士國家基金已經贊助雅各一世、約翰一世與丹尼爾的工作成果編輯達三十年之久，完整版本將有二十四巨冊，另外十五冊，包括他們的八千封信件選輯，將隨後出版。

　　很不幸地，這些來自巴塞爾的先生們因爲太聰明了，所以傲慢又自大，不斷陷入敵對、嫉妒與公開的爭吵中。事實上，剛開始一切都如詩畫般美好，雅各一世靠著自修獲得豐富的自然科學知識，並在巴塞爾大學教授實驗物理學，同時私下將自己的弟弟引領進數學的奧妙裡。然而，這個舉動嚴重違背了雙親的意志，自從大兒子不願按照他們的安排從事神職之後，他們一直想讓二兒子踏進商界。

　　很快地，這兩個天才兄弟之間的和諧就轉變爲劇烈的爭執，爭吵的開端起因於雅各一世受不了約翰不斷自吹自擂，並且公開宣稱他以前一個學生抄襲了他的研究成果。接下來，雅各一世（那時已經是巴塞爾大學數學系教授）順利將自己的弟弟祕密地排除在數學系門外，所以得到巴塞爾大學

的……古希臘文系聘書前，約翰一世只好到荷蘭的葛洛寧恩大學（University of Groningen）任教。但命運還是插了一手，正當約翰準備出發到自己的出生地時，卻傳來雅各過世的消息，於是這位不十分悲慟的弟弟終於得到了巴塞爾大學的數學教授職位。雅各最重要的著作《猜度術》（Ars Con-jectandi）死後才出版，但也是現今機率理論的基礎。

別以為約翰一世從這個令人悲傷的故事中學到了教訓，在教育自己的兒子時，他也犯了與父親同樣的錯誤。約翰認為作數學家難以填飽肚子，強迫三個兒子中最聰明的丹尼爾從商。不過當這個企圖失敗後，他只准許兒子學醫，避免兒子成為自己的競爭對手。不過他們仿效哥哥丹尼爾的作法，一邊唸醫學，一邊跟大哥尼可拉斯二世學數學。到了1720年，丹尼爾前往威尼斯擔任內科醫師，然而他的內心還是屬於物理學和數學。停留威尼斯期間，他也在這些領域建立了崇高的聲譽，彼得大帝（Peter the Great, 1672-1725）[註3] 甚至授予他聖彼得堡科學研究院（Academy of Science）的職位。

1725年，丹尼爾與哥哥尼可拉斯二世一同前往俄羅斯帝國首都，尼可拉斯二世也被授予聖彼得堡科學研究院的數學教授職位。他們在一起的時間並不長，抵達俄國八個月後，尼可拉斯二世發高燒病逝。幸好丹尼爾比他的父親更有家庭觀念，對兄長的去世非常傷心，想回巴塞爾，但約翰一世卻不想讓兒子回家，所以送了一個學生到聖彼得堡陪伴丹尼爾。這又是個極端幸運的巧合，因為這位學生正好是尤拉，他是

當時在數學天分上唯一能與伯努利家族匹敵的人。這兩位離鄉背井的瑞士數學家發展出密切的情誼，他們一起待在聖彼得堡的六年，是丹尼爾一生創作力最旺盛的時期。

當丹尼爾回到巴塞爾後，家族卻重啟戰火。當時，丹尼爾和父親共同以一篇天文學論文贏得巴黎科學研究院（Parisian Academy of Science）的獎項，不過，約翰一世的表現一點也不像個驕傲的父親，反而把兒子踢出家門。事實上，丹尼爾一生共獲得九次學術界的最高榮譽獎項，但更糟的還在後面，1738年，丹尼爾發表了他的曠世巨著《流體力學》（Hydrodynamica）。約翰一世讀過該書後，趕緊寫了一本名為《水力學》（Hydraulica）的著作，並把日期標為1732年，宣稱自己才是流體力學的發明人。然而，這項剽竊行為很快就被揭發，約翰遭到同儕嘲笑，他的兒子則一直無法從這個打擊中恢復。

伯努利家族（The Bernoulli Family）

註　釋

1 譯按：瑞士數學家，著有《無窮微量分析入門》、《無窮小分析引論》、《微分學原理》及《積分學原理》等書。

2 譯按：義大利數學家、力學家及天文學家，著有《解析函數論》及《函數計算講義》。

3 譯按：俄國沙皇，1682年至1696年與異母兄弟伊凡五世（Ivan V）共掌朝政，1696年至1725年單獨掌權，結束了俄國被莫斯科政權統治以來的黑暗時期，並帶領俄國進入文明新時代。

第二章

尚未解開的數學猜想

有趣的數學故事：

◎有哪個數學猜想曾經懸賞百萬美元，卻無人能破？

◎為何科拉茲的猜想，曾換過這麼多名字，又有多人聲稱是問題
　的創始者？

◎研究質數的數學家，為什麼能抓出英特爾奔騰微處理器晶片的
　瑕疵？

◎數學家可能因為一個大發現而成為明星人物嗎？

05
價值百萬美元的猜想

摘要 一個物體是否可以在拉長、壓扁或旋轉後,不必經由撕裂、黏合等動作,就變形為另一個不同物體?如果可以,是否所有沒把手的東西都與球體相等?

亨利‧龐加萊(Henri Poincaré, 1854-1912)[註1] 是過去兩個世紀來最著名的法國數學家。與同時代的德國數學家大衛‧希爾伯特(David Hilbert, 1862-1943)[註2] 一樣,龐加萊不僅深入了解數學的各個領域,在各項表現上也十分活躍。不過,在龐加萊與希爾伯特之後,數學的範疇變得十分浩瀚,每個人都只能理解其中一小部分。

龐加萊有一項最廣為人知的問題,也就是今天所謂的「龐加萊猜想」(Poincaré conjecture),這個問題已經困擾並挑戰了好幾代數學家。2002年春天,南漢普敦大學(University of Southampton)的麥可‧鄧沃德(Michael Dunwoody)相信(雖然只維持了幾星期),他已經成功解出了龐加萊猜想的證明。

由於解開龐加萊猜想相當重要,因此克雷數學研究所(Clay Mathematics Institute)將這個問題列入七個千禧年大獎的難題之一,第一個解出任何一項問題的人可以獲得100萬

美元獎金。事實上，獎金委員會認為，至少要數十年後才有辦法頒發出第一個獎項；不過公布問題之後兩年，似乎就出現了克雷基金會的第一位得獎者。幸運的是，鄧沃德的證明引起廣泛的質疑，最後也證實質疑者的理由相當充分。

龐加萊猜想屬於拓樸學（topology）[註3]的領域。簡言之，這個數學分支研究的是：一個物體是否可以在拉長、壓扁或旋轉後，不必經由撕裂、黏合等動作，就變形為另一個不同的物體。例如，皮球、雞蛋、花盆在拓樸學裡都可以定義成相同的物體，因為其中任何一個物體均不必採用「非法」行動，就可以變形為其他任何一個東西；但另一方面，皮球與咖啡杯則是不相等的，因為杯子有把手，皮球如果不鑽洞就無法變形成杯子。因此，皮球、雞蛋、花盆被稱為「單連通」（simply connected），與杯子、貝果（bagel）或椒鹽脆餅[註4]正好相反。由於龐加萊不想以幾何角度來探討這個問題，而是改由代數著手解決，於是成為「代數拓樸學」（algebraic topology）的始祖。

1904年，龐加萊提出一個問題：是否所有沒把手的東西都與球體相等？在二維空間裡，這個問題可以參照雞蛋、咖啡杯及花盆的表面，然後回答：是的（例如，足球的外皮或貝果的硬皮都是飄在三維空間中的二維物體）。但對於四度空間中的三維表面，答案則還不清楚，儘管龐加萊傾向相信「是」這個答案，但他無法證明這個觀點。

有趣的是，其後幾十年間，數學家已經證明出四度空間

以上物體的龐加萊猜想。這是因為較高維度空間提供較充裕的空間，所以數學家要證明龐加萊猜想比較簡單。例如，劍橋大學（University of Cambridge）的克里斯多福・齊曼（Christopher Zeeman）1961年加入競賽，證明出五度空間物體的龐加萊猜想；同一年，來自加州大學柏克萊分校（University of California, Berkeley）的史蒂芬・斯梅爾（Stephen Smale）宣布，他證明了七度以上空間物體的龐加萊猜想；一年後，同樣來自加州大學柏克萊分校的約翰・斯托林斯（John Stallings）證明出，龐加萊猜想用於六度空間物體時是正確的；最後，1982年，加州大學聖地牙哥分校（University of California, San Diego）的麥可・費德曼（Michael Freedman）證明出四度空間物體的龐加萊猜想。現在，只剩下四度空間中的三維物體尚待證明，不過這反而更讓人沮喪，因為四度空間代表了我們所生活的時間，即「時空連續體」（space-time continuum）[註5]。

鄧沃德認為，自己已經找到證明。2002年4月7日，他在網站上張貼了一篇標題為「龐加萊猜想的證明」（Proof for the Poincaré Conjecture）的初稿，一些有聲望的數學家也稱他為長期以來認真嘗試解出龐加萊猜想的第一人。在較高維度的空間裡，雖然有額外的自由空間，但遇到球體時卻很難辨認出來。為了說明困難度，請先想像一下古代的海盜及冒險家，他們雖然經歷多次遠征及探索旅程，仍不知道地球是圓的。鄧沃德的研究是以澳洲數學家海恩・魯賓斯坦（Hyam

Rubinstein）先前的成果為基礎，魯賓斯坦的專長正是研究四度空間球體的表面（要記住：四度空間物體的表面是一個三度空間物體）。

　　鄧沃德只用了不到五頁的紙張來發展他的論點，得到的結論是所有單連通、封閉、三維的表面都可以經過拉長、擠壓、但不撕裂的方式，轉變為球體表面，而這個陳述等於證明了龐加萊猜想。

　　唉！網頁貼出他的發現後才幾星期，鄧沃德就被迫在文章標題後面加上問號，接著其他數學同行也發現他的證明有漏洞。後來，標題變成「龐加萊猜想的證明？」，雖然鄧沃德立刻設法彌補漏洞，卻沒有成功，他的朋友和同事也都失敗了。再過了幾星期，這篇文章就從網頁上消失，而龐加萊猜想還是像從前一樣撲朔迷離（儘管如此，還是請讀者參見本書第十三篇）。

註　　釋

1 譯按：法國數學家、理論天文學家、哲學家，對天體演化學、相對論和拓樸學的現代概念有深遠的影響。

2 譯按：德國數學家，在代數不變量、代數數論、幾何基礎、變分法、希爾伯特空間等方面都有重要貢獻。

3 編按：近代數學的分支，亦稱位相幾何學，是一門研究形勢（situation）的學科。

4 譯按：通常呈蝴蝶形，以麵粉製成的鹹味食物。

5 編按：由於時間與空間是相對而非絕對，是相依相恃而非獨
　　自存在，因此愛因斯坦稱其為「時空連續體」。

06 陷入正名風波的猜想

摘要 二十多歲的德國數學系學生科拉茲碰到了一個數學難題。他可能發現了一個數論的新定律，但卻無法證明這個猜想，也找不到反例。幾十年來，這個猜想換了許多名字，更有多人聲稱自己是第一個發現者。

1980年代中期的某一天，在美國電話電報公司（AT&T）工作的數學家傑夫·拉加瑞爾（Jeff Lagarias）舉辦了一場演講，內容是關於一個他花了無數時間卻得不到解答的問題。事實上，他離答案還遠得很！他表示，依照經驗來看，那是個危險的問題，因為那些鑽研其中的人都付出了精神及肉體健康的代價。

這個危險的問題到底是什麼？

1932年，二十多歲的德國數學系學生羅塔爾·科拉茲（Lothar Collatz, 1910-1990）碰到了一個數學難題，乍看之下，那似乎只是個簡單的計算。假設有一個整數x，如果它是偶數，將它除以2，也就是 $\frac{x}{2}$；如果是奇數，就乘以3，再加1，再減半，也就是 $\frac{(3x+1)}{2}$；然後，將所得的結果重複計算一次，直到計算結果等於1為止，否則就繼續算下去。

科拉茲觀察到，無論從哪個正整數開始，重複上述流程

後，遲早會得到1這個數字。以13為例，得出的數列是：
20、10、5、8、4、2、1；再以25為例，則會得出38、
19、29、44、22、11、17、26、13、20、10、5、
8、4、2，然後又是1。科拉茲測試過，無論從什麼數字開
始，最後的結果總是1。

這位年輕的學生大吃一驚，該數列可能輕易就轉向成為
無限大或陷入無盡循環之中（不包括1），這兩種情況至少也
要偶爾發生一、兩次才對啊！但並非如此。每一次算到最
後，得到的結果都是1，因此科拉茲懷疑他可能發現了一個
數論的新定律。他立刻開始為前述猜想尋求證明，結果只是
白費力氣，既無法證明，也找不到反例，也就是最後結果不
是1的數列（在數學領域中，只要找出一個反例就可以推翻
一個猜想）。科拉茲終其一生都無法針對他的猜想，發表任
何一篇引人注意的論文。

二次大戰期間，在曼哈頓計畫（Manhattan Project）[註1]
中擔任要職的波蘭數學家史坦斯洛‧烏拉姆（Stanislaw
Ulam, 1909-1984）[註2]選上了這個問題。為了消磨空閒時間
〔在洛塞勒摩斯（Los Alamos）的傍晚並沒有很多事可做〕，
烏拉姆研究了這個猜想，但無法找出證明。他把這件事告訴
了另一個朋友，從此那個朋友就稱這個問題為「烏拉姆的難
題」（Ulam's problem）。

幾年後，漢堡大學（University of Hamburg）數論家赫爾
姆特‧哈瑟（Helmut Hasse, 1898-1979）[註3]也在這個古怪的

謎題上摔了一跤。哈瑟對這個問題深深著迷，在德國及海外四處發表相關演講。有一次，一位聽眾發現這個數列就像落地前在雲朵中的冰雹一樣，忽上忽下──又是改名的時候了──從此這個數列就叫作「冰雹數列」（Hailstone sequence），而計算的方法則稱為哈瑟演算法（Hasse algorithm）。當哈瑟在雪城大學（Syracuse University）演講提到這個問題時，當時的聽眾稱其為「雪城問題」（Syracuse problem）。

接下來，日本數學家角谷靜夫（Shizuo Kakutani, 1911-2004）在耶魯大學（Yale University）與芝加哥大學（University of Chicago）做相關演講時，這個問題又立刻變成「角谷問題」（Kakutani problem）。角谷靜夫的演講啟發了許多教授、助理，以及學生的研究熱潮，但關於解決這個問題本身仍舊毫無進展。證明難倒了每個人！因此，有一個謠言開始四處流傳，說這個難題是狡猾的日本人為了阻止美國數學界發展而製造出來的陰謀。

由於世人早就忘記科拉茲最初的貢獻，因此科拉茲在1980年提醒大眾，是他發現了這個數列。他在寄給同事的信函中寫道：「謝謝你的來信，也謝謝你對我五十幾年前就探究過的函數感興趣。」接著，他解釋說，當時他只有一台桌上型計算機可用，所以無法計算較大數字的冰雹數列。他在信末加註道：「希望你不會覺得我厚臉皮，我想告訴你，當時哈瑟教授稱這個謎題為『科拉茲問題』。」

1985年，英格蘭米爾索普（Milnthorpe）的布萊恩・史

威特爵士（Sir Bryan Thwaites）發表了一篇論文，引發一些關於誰是這個猜想作者的懷疑。文章的標題爲「我的猜想」（My Conjecture），史威特爵士堅稱他是三十年前這項問題的創始人。後來他又投書《倫敦時報》（London Times），懸賞1000英鎊獎金，提供給能夠證明這個數列未來應該被稱爲「史威特猜想」數列的人。

1990年，科拉茲在數值數學領域已享有盛名，並在八十歲生日後不久過世，可惜他始終不知道現在被叫作「科拉茲猜想」（他知道了應該會很高興）的問題，到底是對還是錯。

同時，數學家已經找到新的工具——電腦。現在任何人都可以在個人電腦上證明，科拉茲猜想對前面幾千個數字是成立的。事實上，藉由超級電腦之助，已經全數測試過27×10^{15}以下的數字，所有數字的冰雹數列都是以1結束。

這種數值計算當然不能算是證明，它們只是找出了一些具歷史價值的紀錄，其中之一就是目前最長的冰雹數列：某個十五位數字的冰雹數列在回到1之前，共有一千八百二十個數字。然而，拉加瑞爾在令人洩氣的努力過程中，倒是證明了反例（如果有的話）：一個包括至少二十七萬五千個路徑的循環。

因此，電腦對找出科拉茲猜想的反例並沒有什麼幫助。在最後的分析中，數列並非由電腦決定的，因爲只有滿足科拉茲猜想的數字，也就是其冰雹數列結束在1的數字，才會讓電腦程式終止。如果真的有反例（無論是冰雹數列趨向無

限大,或者進入非常長但不包括1的循環),電腦只會產生數字,而不會停止。坐在電腦螢幕前的數學家,永遠無法知道數列是否最後會趨向無限大或開始進入循環,他很可能在某個時間點直接按下Esc鍵,然後回家去。

註　釋

1 譯按:1942年6月,美國陸軍開始實施的一項利用核裂變反應來研製原子彈的計畫。這項工程集合了當時西方國家(除納粹德國外)最優秀的核科學家,動員了逾十萬人共同參與,以便比納粹德國更早製造出原子彈。

2 譯按:洛塞勒摩斯發展核彈工作的重要人物。

3 譯按:德國數學家,曾擔任哥廷根數學研究所所長,二次大戰時為德國海軍進行應用數學研究。

07

親友眾多 的猜想

摘要 這些複雜多變的兄弟姐妹關係，讓數學家興奮不已：是否有無限多對孿生質數？或者在某一孿生質數對之後就再也沒有了？

在德國沃爾法赫數學研究所（Research Institute for Mathematics in Oberwolfach），科學演說本是家常便飯。然而，2003年，加州聖荷西州立大學（State University of San Jose）的數學家丹·戈德斯頓（Dan Goldston）所發表的演說卻完全不同，這項演說在數學界引發了一場風暴。他與土耳其籍同事傑姆·伊爾德里姆（Cem Yildirim）在所謂「孿生質數猜想」（twin primes conjecture）的證明上，似乎有重大突破。這些複雜多變的兄弟姐妹關係，到底有什麼讓數學家興奮不已的地方？

在整數集合中，質數就如同原子一般，因為所有整數都能以質數的乘積來表示，例如12=2×2×3，就像分子是由各種不同的原子組成的。質數理論一直籠罩著神祕的面紗，存在著許多祕密。其中一個祕密就是：1742年，克里斯汀·哥德巴赫（Christian Goldbach, 1690-1764）[註1]與尤拉提出了未證明的哥德巴赫猜想（Goldbach conjecture）。哥德巴

赫猜想的內容是：每一個大於2的偶數都可以表示為兩個質數的和，例如20＝3＋17。

　　儘管化學元素週期表只有一百二十個元素，但這些元素就可以組成所有物質。而兩位古希臘數學家歐幾里德（Euclid）與厄拉多塞（Eratosthenes, 276BC-194BC）[註2]，早就知道世界上有無限多個質數，但他們認為最重要的問題是：質數如何分布在整數系統中？

　　前一百個整數中，有二十五個質數；在第一千零一個與第一千一百個之間，只有十六個質數；在第十萬零一個與第十萬零一百個之間，僅有六個質數。我們發現，愈到後面，質數會愈來愈稀疏；換言之，連續兩個質數間的平均距離會逐漸增大（變得「罕見而稀少」）。

　　進入19世紀時，法國的安德烈—馬利・樂強德（Adrien-Marie Legendre, 1752-1833）[註3] 與德國的卡爾・高斯（Carl F. Gauss, 1777-1855）[註4] 開始探究質數的分布。根據他們的研究，他們推測質數P與下一個質數間的距離，一般而言，應該與P的自然對數一樣大。

　　然而，他們求得的這個數值只能作為平均數。有時間隔大得多，有時小得多，有時甚至很長一段間隔都沒有出現質數。另一方面，最小的間隔是2，因為兩個質數之間至少會有一個偶數，而每兩個間隔為2的質數就稱為攣生質數，例如11和13、197和199。此外，還有質數表親（prime cousin）：中間以四個非質數整數相互隔開的兩個質數。而兩

個質數若是由六個非質數整數隔開，就叫作（你猜對了！）：性感質數（sexy prime）。

人們對孿生質數的了解比一般質數少，但可以確定的是，它們並不常見。在前一百萬個整數中，只有八千一百六十九對孿生質數，而目前所知最大的孿生質數比五萬位數字還大。目前仍有許多未解之謎，例如：沒有人知道是否有無限多對孿生質數，或者在某一孿生質數對之後就再也沒有了。數學家相信前面那個推測是正確的，戈德斯頓與伊爾德里姆想證明的就是這個觀念。

他們宣稱，在連續質數之間、且遠比 P 的自然對數小（即使 P 趨近於無限大）的間隔，有無限多個。這兩位數學家並沒有足夠時間來慶祝他們的發現，他們發表自己的發現之後不久，就被喚醒回到現實，而樂強德與高斯這兩位同行決定一步步重複進行一次他們的證明流程。但在艱辛的證明過程中，他們注意到戈德斯頓與伊爾德里姆忽略了一個誤差項，即使這個誤差項相當大，大到能使整個證明讓人無法接受，因而失效。

兩年後，在匈牙利的亞諾斯・平茲（János Pintz）幫助下，戈德斯頓與伊爾德里姆修正了他們的工作成果。設法填補漏洞之後，他們的證明終於被認為是正確的，即使他們無法證明有無限多對孿生質數，但絕對是朝著正確的方向邁進了一大步。

1990 年代，維吉尼亞州的湯瑪斯・尼斯利（Thomas

Nicely）[註5]發現，研究孿生質數理論不僅僅只是腦力的活動。為了搜尋大型的孿生質數對，他測試了$4×10^{15}$以下的全部整數，他的演算法需要計算一個簡單的式子：$x×(\frac{1}{x})$。但當他在該公式中代入某些特定數字時，得到的卻不是1，而是不正確的結果，這讓他嚇了一跳。到了1994年10月30日，他寫了一封電子郵件給同事，告訴他們，他的電腦在計算上述方程式時，若數字介於824,633,702,418與824,633,702,449之間，就會持續產生錯誤的結果。雖然尼斯利研究的是孿生質數，卻抓到了奔騰（Pentium）微處理器晶片的瑕疵，這個錯誤讓製造商英特爾付出5億美元的賠償。而這個絕佳範例告訴我們（我無意開玩笑），數學家從來不知道他們的研究和錯誤，會為他們帶來什麼後果。

註　　釋

1 譯按：俄國數學家，曾任聖彼得堡帝國科學院會議祕書兼數學和歷史學教授，對數論尤有貢獻。

2 譯按：古希臘天文學家、數學家及地理學家，測量了地球的體積。

3 譯按：法國數學家，計算彗星軌道時創立最小平方法，在數論上貢獻卓越。

4 譯按：德國數學家、物理學家及天文學家，有「數學王子」之稱，著有《算術研究》等書。

5 譯按：任教於維吉尼亞州林區博格學院（Lynchburg College），
　　因找出英特爾晶片的瑕疵而聲名大噪。

08
數學家的
名利難題

摘要 年輕的數學家常常因為籠罩在默默無聞陰影下的人生遠景而感到沮喪。但大多數數學家都避免成為大眾注目焦點，而一有研究端倪就廣為通知媒體的作法，更讓主角們避之唯恐不及。

數學證明性質複雜，要弄清楚它們是否正確更需要專家煞費苦心的努力。2003年3月28日發生的事件，就是很好的例子。當時美國數學家戈德斯頓與土耳其數學家伊爾德里姆相信，他們在所謂孿生質數猜想上有了重大突破；但幾星期內，歡樂就轉為失望，因為4月23日其他數學家在他們的證明中找到漏洞。一年前，鄧沃德也提出了龐加萊猜想的證明，同樣在兩星期內就被發現證明不完整而宣告失敗。第三個例子是安德魯·懷爾斯（Andrew Wiles）的費馬定理（Fermat's theorem）[註1]證明，審查過程中發現證明不完整；幸而這次的失誤是可以修正的，但也花了半年時間，以及一位同事自願協助，才得以完成。

那些古老又懸而未決的問題，尤其是與著名數學家相關者，往往散發無盡魅力。反覆思考幾個世紀前的數學家所探究過的問題，似乎很有吸引力。1900年，哥廷根（Göttin-

gen）的著名數學家希爾伯特列出了二十三個問題，用來決定下一個世紀的數學研究方向，這些問題同樣被捲入神祕的氛圍中。截至目前，已經解出二十個問題的答案，但六號（物理學的公理化）、八號〔黎曼猜想（Riemann conjecture）〕[註2]及十六號問題，迄今仍困擾著數學界。

的確，八號與十六號問題的重要性，足以讓它們被斯梅爾列入21世紀最重要的數學問題。但就像其他情況一樣，吸引力總是緊鄰著重重危機，再著名的難題都會對無法適當處理問題的人施展魔力。於是，就像愛錯了對象，人一旦上了鉤，就必須面臨自我欺騙的極大風險。

因此，2003年11月，二十二歲的瑞典女學生艾琳·奧森希姆（Elin Oxenhielm）解開了部分希爾伯特第十六號難題的消息傳出時，大家都格外謹慎。數學期刊《非線性分析》（Nonlinear Analysis）的評審審核了她的證明成果，並在審核通過後發表這項消息。奧森希姆因為自己的第一篇研究成果就是巨作而感到驕傲，立刻通知媒體。雖然系上師友建議她謹慎行事，但她仍積極接受訪問、宣布出書計畫，甚至不排除拍一部關於希爾伯特第十六號難題的影片。輝煌的前景似乎唾手可得，頂尖機構的領導職位就在眼前，而從此似乎穩定的資金將源源不絕。

希爾伯特的第十六號難題處理的是二維動態系統，這類系統的解答可以被縮減至一個單點或以循環結束。希爾伯特研究描述這個動態系統的微分方程式，就是右手邊值由多項

式（polynomial）[註3] 組成的方程式。他的問題是循環的數目如何取決於多項式的次數，因此研究複雜（complex）[註4] 或混沌系統（chaotic system）[註5] 的學者對答案特別感興趣。

奧森希姆的八頁報告一開始提到，模擬過程中，有一條微分方程式的表現像是三角的正弦函數，於是她以近似方式估算那個方程式，甚至沒有先檢驗忽略項的次方。重新計算幾次方程式後，她又做了更進一步的近似估算，而且只以數值範例及電腦模擬來合理化。最後，在一次未經證實的辯護中，奧森希姆宣稱，結果不會因為這項近似行為而有不實。然而，這種對數學遊戲規則的漫不經心，使得她的成果毫無用處。

透過媒體的報導，奧森希姆不僅把自己的事告知大眾，也使數學界提高警覺。一位憤怒的專家寫了一封憤慨的信給《非線性分析》，緊急要求中止出版那篇文章。奧森希姆的大學指導教授之前曾閱讀及批評她的研究發現，她也要求編輯將她的名字從奧森希姆的感謝名單中刪除，不想與那篇文章扯上任何關係。一所科技大學讓這個事件雪上加霜，他們把奧森希姆的文章當作新鮮人的功課，要學生列出文中的缺陷。

蜂擁而至的批評產生了效果，2003年12月4日，《非線性分析》發行人宣布延後發表奧森希姆的文章，等待更進一步的審核。不久，這篇文章果然被踢出刊登清單。

為什麼事情會這麼嚴重？缺乏經驗的科學家常常寄錯誤或有缺失的文章給學術期刊，而通常期刊的評審流程能挑出

錯誤，確保不致刊登了低劣的文章，這就是信譽卓著的期刊常常拒絕九成以上投稿的原因。但在這個特例中，標準流程完全失效。一位接受訪問的專家相信，期刊的評審（他們的名字通常不會公開）可能都是工程師，對他們來說，「近似」是司空見慣的事，只要不造成問題就好，但數學領域不能接受這種方式。

還有，這位年輕小姐與媒體的積極接觸，也讓人難以原諒。數學家的悲慘宿命就是要整天一個人坐在小房間裡，設法解答幾個世紀來的古老問題。通常只有極少機會，才會被社會大眾注意到他們的成就。唯有與繁忙、喧囂的外界隔絕，才能在這種工作情況下確保研究的品質與水準。由於數學證明往往必須經過時間的考驗，才能確認結果的正確性，因此媒體的誇耀對辛苦、長時間的證明檢驗有害無利。至少，主動引進這種公共關係十分不得體。

數學家從成功的證明中得到的滿足，常常只是同領域同儕的認可。散布世界各地的專家可能不超過十二個，而收到他們表示認可的電子郵件，往往代表了最高的讚賞。這個領域偶爾會出現堅實的數學定理運用，但也要在數十年後才會變成眾所周知的知識。年輕的數學家常常因為籠罩在默默無聞陰影下的人生遠景而感到沮喪，因而向外尋求公眾舞台，這點可以理解。但大多數數學家都避免成為大眾注目焦點，而一有研究端倪就廣為通知媒體的作法，更讓主角們避之唯恐不及。數學家微妙的想法、縝密的思考及嚴格的論述，並

不會讓他們成為媒體寵兒。無論好壞，數學就是一門低調的科學。

註　　釋

1 譯按：即$X^n+Y^n=Z^n$，如果n是大於2的整數，而且X、Y和 Z都是正整數，這個等式就無解。

2 譯按：除了-2、-4……等實數根之外，所有黎曼ζ函數有意義的根（指複數根）均落在臨界線（critical line）上。

3 多項式是一種像是$X^4+5x^3+7x^2+2x$的數學式，而這個多項式的次數為4。

4 譯註：指由許多相關部分或成分構成的複雜系統。

5 譯註：指對初始條件的微小變化極為敏感的系統。

第三章

已解開的
數學問題

有趣的數學故事：

◎同一塊地面，鋪什麼形狀的磁磚，磁磚周長最小？

◎為什麼一個看似容易的等式，曾經是歷時一個半世紀的謎題？

◎平方數倒數數列的總和是否收斂？如果是，會趨近哪個數字？

◎龐加萊猜想最後被解開了嗎？

09
鋪磚工人也想知道的問題

什麼形狀的磁磚，可以用最小的周長鋪出與其他形狀磁磚同樣的面積？

每個月全世界的學者大約會寫出四千篇文章，發表在無數科學期刊上。2002年1月，美國數學家湯瑪斯‧黑爾斯（Thomas Hales）撰寫了一篇極重要的論文，被美國數學協會（American Mathematical Association, AMA）遴選出來大力表揚。

這是唯一的一次，嚴謹的數學理論也吸引了工人的注意。鋪磚工人常常必須使用各種形狀的磁磚，來鋪設浴室、廚房和門廊地板，所以他們也覺得這篇論文很有趣。在這些工人當中，說不定就有一、兩個曾經想過類似的問題，例如：「什麼形狀的磁磚，可以用最小的周長鋪出與其他形狀磁磚同樣的面積？」，諸如此類。不管是實用價值，或者數學應用上的貼切性，黑爾斯的論文對這個問題的探討，都足以被美國數學協會選為優良論文。

鋪磚工人可以先選擇面積相同的三角形、正方形、五角形、六角形、七角形和八角形磁磚，然後測量這些磁磚的周長，看看什麼形狀的磁磚周長最短。到目前為止，似乎一切

還算順利，但是現在就要開始攪拌水泥還稍嫌太早。若是鋪磚工人試圖用五角形的磁磚來鋪廚房地板，很快就會發現磁磚之間出現不少縫隙。事實上，五角形的磁磚不能用來鋪地板，因為一塊緊接著一塊的時候，它們無法連接得天衣無縫。其他如七角形、八角形，還有大多數正多邊形也一樣，用這些形狀的磁磚來鋪廚房地板，磁磚與磁磚之間必然會留下縫隙。

古代的畢達哥拉斯學派（Pythagorean）學者很熟悉這類幾何學。他們知道在所有正多邊形裡，只有三角形、正方形與六角形可以鋪滿一個平面，不留下任何空間，而其他類型的正多邊形一定會留下缺口。

因此，鋪磚工人的選擇其實相當有限，他只能從上述三種可用的形狀中測量哪一種的周長最短。以面積一百平方公分為例：三角形磁磚的周長是四十五公分，正方形的周長是四十公分，六角形的周長最短，只有三十七公分。亞力山卓的帕普斯（Pappus of Alexandria, 290-350）[註1] 早就知道六角形是最有效率的正多邊形。蜜蜂也知道這點，牠們想用最少蜂蠟建造出能裝最多蜂蜜的窩，所以把蜂窩蓋成六角形。

在這三種可用的形狀中，六角形周長最短的原因是它最接近圓形，而在全部的幾何形狀中，圓形的周長最短，例如若要圍出一百平方公分的面積，圓形只需要大約三十五公分的周長。

現在，我們可以宣布問題已經解決了嗎？還早呢！誰說

地板上只能鋪一種形狀的磁磚？爲什麼磁磚的各個邊要一樣長，而且是直線？實際上，磁磚的外形甚至不必是凸形的，不妨想像一下邊緣向外凸或向內凹的磁磚。地板可以鋪上各式形狀的磁磚，這樣更形美觀，就像埃舍爾（M. C. Escher, 1898-1972）[註2]在他的畫作中最擅長的表現手法。

數學家會自問：「在能夠想像出的眾多磁磚形狀中，哪一種形狀周長最短？」但近一千七百年來，大家的猜測答案大多就是蜂巢狀的六角形，只不過一直無法證明。

來自加里西亞（Galicia）的波蘭數學家雨果・史坦豪斯（Hugo Steinhaus, 1887-1972）是第一個有明顯突破的人，他證明在磁磚形狀相同的前提下，以最小周長蓋滿地板的方式就是使用六角形的磁磚。這比帕普斯的發現更進一步，因爲史坦豪斯把不規則形狀的磁磚也考慮進去了。1943年，匈牙利數學家拉茲洛・費耶・托斯（László Fejes Toth, 1915-2005）又更邁進一步，證明出在所有凸多邊形中，六角形的周長最短。與史坦豪斯不同的是，托斯並不限制地板上只能鋪一種磁磚，而是可以使用許多不同形狀的磁磚，不過，他的定理中忽略了邊緣不是直線的磁磚。

到了1998年，黑爾斯才提出完整的證明，而且幾個星期前，他才解開了最古老的離散幾何（discrete geometry）[註3]問題，亦即有四百年歷史的「刻卜勒的猜想」（Kepler's con-jecture，如何把完全相等的球體塞到密度最大）。黑爾斯證明出，堆疊球體最緊密的方式，就是雜貨店堆柳丁的方式──

分層排列，讓每個球體位於其下三個球體形成的小洞上。黑爾斯的證明成了全世界的頭條新聞，但這位年輕教授並沒有浪費時間沉浸在榮耀裡。

1998年8月10日，都柏林三一學院（Trinity College）的愛爾蘭物理學家丹尼斯・威爾（Denis Weaire）讀到報紙上的新聞後，立刻毫不遲疑地寫了一封電子郵件給黑爾斯，提醒黑爾斯注意蜂巢問題，並提出挑戰：「頗值得一試！」

黑爾斯著了迷似地開始進行威爾的挑戰，之前他就曾經為了證明刻卜勒的猜想而花費五年時間，連電腦的保險絲都燒壞了。相較之下，新問題簡直易如反掌，他需要的只是鉛筆和紙，還有半年的時間。

一開始，黑爾斯先將無限大的地板面積分割成大小有限的配置，然後發展出一個公式，將磁磚的面積連結至其周長。接下來，他將注意力移轉到外凸的形狀，每塊外凸的磁磚（外形向外凸的磁磚）就應該有一塊相對應的內凹磁磚。黑爾斯在「面積—周長關係式」（area-to-perimeter formula）的幫助下，證明出內凹的磁磚需要的周長比外凸磁磚所省下的周長還長，因此整體來說，表示圓角的多面體比較不利，可以排除在最短周長寶座的競爭者行列之外。

既然候選人只剩下直邊的磁磚，後面的程序就很明顯了，畢竟托斯已經證明正六邊形就是所有直邊磁磚中的最佳組合。因此，黑爾斯提供了決定性的證明，證實蜜蜂將蜂巢築成六角形，果然是絕對正確的決定！

註　　釋

1 譯按：古希臘數學家，在其著名的《數學彙編》一書中，收錄了希臘自古以來數學家的著作，並加以註釋、評論，其中亦包含自己的創作。

2 譯按：荷蘭著名版畫家，作品融合藝術和數學。

3 編按：離散數學主要研究有離散結構的數學，一般認為組合學及圖論是這門學科的核心，而這兩部分都是解決問題常用及好用的工具。

10
難解的
單純等式問題

摘要 雖然聽起來很不可思議，但這個看似容易的等式卻曾經是歷時一個半世紀的謎題來源：除了2和3之外，是否還有比1大的整數 x、y、u、v，能夠滿足 $x^u - y^v = 1$（就像 $3^2 - 2^3 = 1$）？

數論的問題通常可以用簡單的方式來表達，即使剛學步的小孩，也可能知道 $9 - 8 = 1$；大多數小學生也都知道 $9 = 3 \times 3$，還有 $8 = 2 \times 2 \times 2$。最後，絕大多數國中生也知道 $9 = 3^2$，而 $8 = 2^3$，這讓我們看到表達 $9 - 8 = 1$ 這個式子的另一種方式，也就是 $3^2 - 2^3 = 1$。是否可能針對如此簡單、單純的等式，擬出深入的問題？結果顯示，答案是肯定的：「是。」雖然聽起來很不可思議，但這個看似容易的等式卻曾經是歷時半世紀的謎題來源。

1844年，比利時數學家尤金‧查爾斯‧卡塔蘭（Eugène Charles Catalan, 1814-1894）在數學期刊《克列爾期刊》（Crelle's Journal）中，公開提出一個問題：「除了2和3之外，是否還有比1大的整數 x、y、u、v，能夠滿足 $x^u - y^v = 1$（就像 $3^2 - 2^3 = 1$）？」卡塔蘭猜測結果應該是無解，但沒有證明出來。

　　這個猜想看似簡單,解答卻其實非常複雜。人們很快就發現u和v必須是質數,但此後一百五十八年間卻都沒有任何進展。只有在2002年春天發生了一件事,德國帕德博恩大學(University of Paderborn)的數學家裴達・米哈伊列斯庫(Preda Mihailescu)找出了這個猜想的開啟之鑰。

　　他是怎麼做到的?對這位羅馬尼亞出生的數學家而言,一切都是從神聖的蘇黎世聯邦理工學院(Eidgenössische Technische Hochschule Zürich)開始的,米哈伊列斯庫就是在這所知名機構獲得後來研究所需的必要數學工具。但就在即將完成博士論文之前,他決定從大學轉向產業界,不過後來又決定回到學校著手第二篇博士論文,題目是「質數」。這次米哈伊列斯庫確實把論文寫完了。他是在高科技公司擔任指紋專家時,第一次遇到了所謂「卡塔蘭猜想」。

　　14世紀初期,也就是卡塔蘭在《克列爾期刊》中發表猜想之前五百年,亦稱里奧・希伯萊厄斯(Leo Hebraeus)的猶太學者萊雅・本・熱爾松(Levi Ben Gerson, 1288-1344) [註1],就曾提過這個問題的變形,他大部分時間住在加泰隆尼亞(Catalonia)。這位猶太祭師證明了8和9是唯一一組相差為1的平方與立方數。四個世紀後,尤拉說明如果式子中的次方數u和v只限於2和3的話,這個猜想是正確的,然後一切又歸於沉寂,直到1976年才又向前邁進一步。

　　劍橋大學數學家阿倫・貝克(Alan Baker)和荷蘭萊頓大學(University of Leiden)的羅伯・泰德曼(Robert Tijdeman)

在研討會論文中證明了，若卡塔蘭猜想有解，只有有限個解。同年，他又證明了這個問題中的指數必須小於10^{110}。

即使這就像是個天文數字（1後面有一百一十個0），但這個結果開啓了閘門。從那時開始，問題就只是把可能解答的上限降至可以處理的數字，然後把範圍內的所有指數都測試一次。法國史特拉斯堡（Strasbourg）巴斯德大學（University Louis Pasteur）的莫里斯．米尼奧特（Maurice Mignotte）是第一個降低門檻的人，他在1999年展示了可能解的指數應該小於10^{16}，那時已經證明指數必須大於10^7。雖然範圍大幅縮小，但這個範圍對於用電腦解題而言還是太大。

然後就是米哈伊列斯庫首次出擊的時候了。有一次，他參加完巴黎的研討會，坐火車回蘇黎世時，在車上無聊地做白日夢，腦中忽然出現一個想法：卡塔蘭等式的指數必須是威費希利質數對（Wieferich pair）[註2]，也就是兩個可以用複雜方式相互整除的數字。威費希利質數對非常罕見，至今只發現六對，因此卡塔蘭等式的可能解答，尋找範圍僅限於威費希利質數對，而且要小於10^{16}。因為這次的靈光一閃，卡塔蘭問題變成可以用電腦來驗證，一項計畫展開了，讓網際網路的使用者可以利用個人電腦的閒置時間來工作，並尋找威費希利質數對，將它們代入卡塔蘭等式的測試中。但搜尋的進度緩慢，所以2001年放棄了這項計畫。當時解答的下限已經提高到10^8，但即使僅測試10^8到10^{16}範圍內的數字，就需要好幾年時間。

現在，米哈伊列斯庫再度出擊。他想起一個冷門的科目「分圓域理論」（theory of cyclotomic fields）[註3]，這是德國數學家艾德瓦‧庫默爾（Eduard Kummer, 1810-1893）[註4] 在證明費馬猜想失敗時發展出來的。過了一個世紀後，米哈伊列斯庫終於能利用庫默爾奠定的基礎，填補卡塔蘭猜想證明的最後一個洞。

解出一個歷史悠久、全球知名的問題，是什麼感覺？根據米哈伊列斯庫的說法，並沒有十分興奮。他之前曾經六度相信自己已經達成目標，但很快就發現有漏洞，因此變得很謹慎。隨著時間流逝，他才逐漸確信自己真的成功了，把證明拿給已經在這個問題上花了半輩子的米尼奧特看。隔天早上，米尼奧特告訴他，他認為證明是正確的。他們沒有大肆慶祝，但是很高興！

註　釋

1 譯按：法國數學家，發現平面三角學中的正弦定理，發明測量角的儀器，在其著作《計算者的工作》中首次提出數學歸納法的明確形式。

2 譯按：p、q為兩質數，p(q−1)除以q²時餘1，且q(p−1)除以p²餘1，目前只找到六對：（2,1093）、（3,1006003）、（5,1645333507）、（83,4871）、（911,318917）、（2903,18787）。

3　編按：代數數論中一個不斷發展的課題，與模形式理論、代數幾何、代數理論、進分析等交織在一起。

4　譯按：在研究費馬最後定理的過程中引入理想數的概念，為代數數論奠定了基礎。

11
無窮數列
有時盡

摘要 凡是有人發現任何蛛絲馬跡，請好心告訴我們，我們必會感激不盡：平方數倒數數列的總和是否收斂？如果是的話，會趨近哪個數字？

1, $\frac{1}{2}$, $\frac{1}{4}$, $\frac{1}{8}$……這個無窮數列的總和會趨近於2，只要加總前面幾項就可以猜出來，但你不應該因而相信每個遞減的無窮數列總和都是有限的數字。例如，所謂調和級數，亦即 $1+\frac{1}{2}+\frac{1}{3}+\frac{1}{4}+\frac{1}{5}$……就趨近於無限大；它的增加很緩慢，要加到前面一億七千八百萬項總和後，才會達到20。用數學的專業術語來說，調和級數是發散（diverge）的，而總和為有限數字的無窮數列則被稱為收斂（convergent）。

在啟蒙時期，數列及其總和被認為是重要的研究領域。1644年，義大利波隆那十九歲的學生佩卓・門戈利（Pietro Mengoli, 1625-1686，後來成為神父及數學教授）提出一個問題：平方數倒數數列（1, $\frac{1}{4}$, $\frac{1}{9}$, $\frac{1}{16}$……）的總和是否收斂？如果是的話，會趨近哪個數字？

門戈利年復一年地累積了深厚的無窮數列研究經驗。舉例來說，他證明了調和級數是發散的，但交錯調和級數（alternating harmonic series，各項目的加減符號依序交替）

則會收斂於0.6931。但門戈利沒有答出平方倒數的問題，他猜測總和會接近1.64，但不太確定。

幾年後，巴塞爾的數學家雅各‧伯努利也抓住這個神祕數列的潮流，這個因數學才能而聞名全歐的科學家同樣找不到答案。1689年，他寫了一張公告：「凡是有人發現任何蛛絲馬跡，請好心告訴我們，我們必會感激不盡。」

進入18世紀後，歐洲知識分子深深被這個問題吸引，這個數列與環繞在周遭的神祕氣氛，變成了沙龍裡社會精英的熱門話題，它很快就與有五十年歷史的費馬問題並駕其驅。幾位數學家從中吸取了不少寶貴經驗，包括蘇格蘭的詹姆斯‧斯特林（James Stirling, 1692-1770）、法國的亞伯拉罕‧棣美弗（Abraham de Moivre, 1667-1754）、德國的萊布尼茲。到了1726年，這個問題回到家鄉巴塞爾。

雅各的弟弟約翰憑著本身的條件成為著名數學家，他有一個超級聰明的學生、巴塞爾人尤拉，他被認為是數學界一顆耀眼的新星。約翰為了鼓勵尤拉，要他想辦法解答這個問題。由於與巴塞爾數學家間的密切關係，平方數的倒數問題從此被稱為巴塞爾問題（Basle problem）。

尤拉花了許多年研究這個問題，有時暫且擱置幾個月，再繼續努力尋求解答。最後，1735年秋天，尤拉相信自己已經找到答案，那差不多是門戈利第一次想到這個數列後半世紀。尤拉聲稱，若是算到小數以下第六位，總和的值應該是1.644934。

　　他如何得到這個答案？當然，他並沒有把整個數列加總起來。為了計算到小數第五位，尤拉必須考慮過六萬五千個數字。顯而易見地，這位瑞士數學家在能夠提出證明之前，就先猜出了總和的正確值：π 平方除以6。有一段時間，尤拉拒絕公布答案，因為他自己也對結果感到十分訝異——π，圓周與直徑的比值，到底跟這個總和有什麼共同之處？

　　《倒數數列總和》（*De Summis Serierum Reciprocarum*）出版後幾星期，尤拉為他的論文提出了證明。他在裡面提到，他「無意中發現了一條簡潔的公式，可以計算 $1 + \frac{1}{4} + \frac{1}{9} + \frac{1}{16}$，就是將圓形轉化為相等面積的正方形」！

　　約翰既驚訝，又鬆了一口氣。「我哥哥的慾望終於獲得滿足。」他說道：「他向來認為，這項級數和的研究比任何人想像得都要複雜，而且他曾公開承認自己的失敗。」

　　因為尤拉是在研讀三角函數時不小心發現這條公式，所以答案的出現其實出乎意料。所謂的正弦函數展開式與該平方倒數級數密切相關，又因為三角函數與圓形有關，因此數字 π 會是答案的一部分。

　　尤拉的證明建立了數列與積分之間的關係，當時這還是數學的新興分支。今天大家都知道，巴塞爾級數代表一個較一般函數（即zeta函數[註1]）的特例，該函數在現代數學中舉足輕重。

註　　釋

1 譯按：zeta函數在數論中有其重要性，因為它與質數的分布
　有關，也應用於其他領域，如物理、機率理論和應用數學。

12

電腦算出來的
數學證明？

摘要 這種反常的格式很難閱讀，論文中塞滿電腦計算出來的證明結果，看起來反而有點類似實驗報告——球體最緊密的排列方式就是金字塔般的堆疊方式（刻卜勒的猜想）。

1998年，黑爾斯[註1] 寄了一封電子郵件給數十位數學家，宣布他已經利用電腦證明了四百年來一直無法確認的猜想。那封電子郵件的內容主要是談論德國天文學家約翰尼斯・刻卜勒（Johannes Kepler, 1571-1630）所提出的刻卜勒的猜想：已經證明出球體最緊密的排列方式就是金字塔般的堆疊方式，類似雜貨店堆柳丁的方式。黑爾斯宣告證明成功後不久，全球報紙的頭版都報導了這項突破，但黑爾斯的證明還是踢到了鐵板。他投稿到聲譽卓著的《數學年刊》（*Annals of Mathematics*），卻未獲刊登。負責審稿的人表示，雖然他們相信證明是正確的，但他們缺乏可以驗證的程序來排除任何可能的錯誤。因此，當黑爾斯的手稿終於出現在年刊上時，文中還附上一則罕見的編輯附註，聲明這篇論文的部分內容無法審查。

這個超乎尋常的故事的問題核心是「電腦在數學上的應

用」，事實上，各方對這個議題的看法兩極化。透過電腦輔助所得的證明結果有時被形容爲「暴力」解法，通常必須計算成千上萬的可能結果後，才會得到最後的答案。許多數學家不喜歡這種方法，認爲過於粗野，其他人則批評這種作法對理解正在探討的問題毫無幫助。例如，1977年有人宣布利用電腦輔助，解出了四色定理（four-color theorem）的證明。所謂四色定理，是指假設我們想要以不同顏色填滿地圖，並且滿足相鄰區域的顏色均不同的條件時，那麼最少需要四種顏色。雖然無法在證明中找出任何錯誤，但有些數學家還是堅持繼續運用傳統的方式來尋找答案。

黑爾斯轉到賓州匹茲堡大學（University of Pittsburgh）之前，已經在密西根大學安娜堡分校（University of Michigan in Ann Arbor）研究這項證明。一開始，他先降低可能的堆疊方式，從無限多種減少到五千種左右，然後再用電腦來計算每種排列方式的密度。這項工作做起來其實比聽起來困難得多，證明過程包括以特別撰寫的電腦程式來檢驗一系列數學不等式，而十年內總共檢驗了超過十萬條不等式。紐澤西州普林斯頓高等研究院（Institute for Advanced Study in Princeton）的數學家羅伯・麥克斐遜（Robert MacPherson）也是《數學年刊》編輯之一，他聽到這個證明時覺得很好奇，先要求黑爾斯及協助證明的研究生山姆・佛格森（Sam Ferguson）將他們的發現投稿出版，但同時也對電腦輔助研究這件事感到不安。

然而，《數學年刊》之前便曾收到一篇篇幅較短的拓樸學相關文章，那篇文章也是利用電腦輔助證明。試探過期刊編輯委員會同事的意向後，麥克斐遜請黑爾斯寄出論文。麥克斐遜一反常態，指派了十二位數學家來審核這個證明（多數期刊的評審只有一至三位）。布達佩斯阿佛瑞德‧瑞尼數學研究院（Alfréd Rényi Institute of Mathematics）的加伯‧費耶‧托斯（Gábor Fejes Toth）負責帶領這個審核小組，他的父親數學家拉茲洛‧費耶‧托斯在1965年曾預測，有一天電腦將使證明刻卜勒的猜想成為可能。評審不僅要重新計算黑爾斯的電腦程式，還必須檢驗程式做的是不是正確的工作，由於電腦程式及輸入、輸出資料總共占了三十億位元組記憶體空間，無法一一檢視，所以評審的審核方式限於檢驗一致性、重新建構每個證明步驟的思考過程，以及研究用來設計電腦程式的所有假設及邏輯。他們在一學年中舉辦了一系列研討會，協助進行這項工作。

即使如此，仍難以確認已經成功證明了刻卜勒的猜想。2002年7月，托斯報告說，他及其他評審百分之九十九確定這項證明是合理的。他們找不出錯誤或疏忽，但又覺得因為沒有一行行檢查過電腦程式，所以無法完全確定這項證明是正確的。

對一個數學證明來說，這還不夠。畢竟大多數數學家早已相信這個猜想，該證明應該把相信轉變為確定，而且刻卜勒的猜想的過往歷史也讓人對這項證明抱持謹慎的態度。

1993年，加州大學柏克萊分校的項武義（Wu-Yi Hsiang）[註2]
在《國際數學期刊》（International Journal of Mathematics）
上發表了長達一百頁的猜想證明；但發表後不久，就被找出
證明中的錯誤。雖然項武義堅信自己論文的正確性，但多數
數學家都不相信他的證明有效力。

評審報告出爐之後，黑爾斯說他收到了一封麥克斐遜的
來信：「我個人認爲，評審的決定不樂觀。他們無法證實證明
的正確性，未來也無法證實，因爲他們已經筋疲力竭了……
如果他們一開始有較爲清楚的原稿，我們就可以預測他們的
審核過程是否能夠達成相同的結論，不過現在都無所謂了。」

最後一句話透露出麥克斐遜的不滿，因爲黑爾斯提交的
證明並不是一篇嚴謹的著作，兩百五十頁的手稿是由五篇個
別論文組成，而且黑爾斯和佛格森在每篇論文中塞滿電腦計
算出來的證明結果，看起來反而有點類似實驗報告。這種反
常的格式很難閱讀，更糟的是，各篇論文中的附註與定義也
略有不同。

麥克斐遜要求作者必須編輯他們的手稿，但黑爾斯和佛
格森不想再花一年時間來處理這篇文章。「湯姆可以用餘生
來簡化這個證明。」佛格森完成論文後說道：「但那不是利
用時間的適當方式。」

黑爾斯已經開始接受另一項挑戰，他想以傳統方式來解
答有兩千年歷史的蜂巢猜想：在用來鋪滿地面且不留縫隙的
相同面積磁磚中，六角形磁磚的周長最短。佛格森則離開了

學術界，到美國國防部任職。

面對累壞了的評審，年刊的編輯委員會決定刊登這篇論文，但前提是附加謹慎的註腳。文章開頭會有編輯引言，聲明此類以電腦驗證大量數學式的證明，可能無法完整做檢驗。整個事件原本可以就此結束，但黑爾斯無法接受他的證明被加上這種附註。

2004年1月，他展開「刻卜勒的正式證明」（Formal Proof of Kepler）計畫，簡稱FPK，不久又被暱稱為「小斑」（Flyspeck）。這次黑爾斯不仰仗人類評審，他要用電腦驗證證明的每一個步驟，這項工程大約需要十位自願者組成團體來共同研究，這些人必須是樂意貢獻電腦時間的合格數學家。團隊將撰寫程式，把證明的每一個步驟，一行接著一行地拆解成已成立的公理（axiom）[註3]。如果程式的每個部分都可以分解成這些公理，最後就可以確認這個證明是正確的，而參與者也不是僅將該計畫視為黑爾斯證明的驗證。

自願參與這項驗證計畫的紐約大學（New York University）研究生西恩・麥克勞林（Sean McLaughlin）曾接受黑爾斯指導，也曾使用電腦解過其他數學問題。「以人力來檢驗電腦輔助的證明，似乎是不可能的。」他說道：「幸運的話，我們將顯示這類規模的問題無需通過評審流程，就可以嚴密地驗證。」但不是每個人都像麥克勞夫倫那麼熱心。高等研究院代數幾何學家皮耶・德利涅（Pierre Deligne）[註4]是眾多不認可電腦輔助證明的數學家之一。他表示，「我只相信我了

解的證明。」對那些與德利涅站在同一陣線的人而言,以電腦取代評審流程的人力審查是錯誤的步驟。

雖然對證明方式採取保留態度,麥克斐遜並不認為數學家應該脫離電腦。荷蘭奈梅恩天主教大學(Catholic University of Nijmegen)的佛瑞克・魏迪克(Freek Wiedijk)是用電腦來驗證證明的先驅,他認為這項程序可以變成數學界的標準慣例。「將來人們會回顧20世紀初,然後說『就是那時候開始的』。」魏迪克說。無論電腦驗證是否已經廣泛被使用,「小斑」要產生結果可能都還要幾年。雖然其他人也表達了參與計畫的興趣,但確定的成員僅黑爾斯和麥克勞林兩人。黑爾斯估計,從撰寫程式到執行程式的整個流程,可能需要二十個人年(person-year)的工作。屆時刻卜勒猜想才會成為刻卜勒定理,我們也才能確定這些年來堆柳丁的方式是正確的。

註　　釋

1 這個黑爾斯就是我們在第九篇中所提到的那個黑爾斯。

2 譯按:美國華裔數學家,普林斯頓大學數學博士。

3 編按:數學及邏輯中不可再解釋的基本假設。

4 譯按:比利時數學家,曾獲得瑞典皇家科學院克拉福德獎(Crafoord Prize)。

13
龐加萊猜想
被解開了嗎？

摘要 到目前為止，還沒有理由認為佩雷爾曼在論文中所描述的證明不正確，也沒有人發現漏洞，或者找到錯誤 —— 若在其上的任何迴路皆可縮成一點的三維流形，在拓樸學上即等於球體。

螞蟻如何確定自己是坐在皮球上還是貝果上？古希臘人怎麼知道地球不是平的？解決類似問題的困難在於，對附近的觀察者來說，皮球、中間有洞的球體及平底盤，看起來都是一個樣子。

19世紀時，拓樸學以幾何學的分支形式開始發展，但過了幾年，就成為數學領域中的獨立學門。拓樸學研究的是二維、三維及更高維度空間中的幾何物體（表面與球體）定性問題，透過拉長與擠壓，這些物體（想像它們是用泥巴或黏土做成的）可以被轉形為另一種物體，但不能撕破、穿洞或把不同塊狀黏貼在一起。例如，球體或立方體可以轉化為蛋型或金字塔形，因此在拓樸學上可以視為相等；反之，皮球如果不穿洞，就不能變成甜甜圈。還有，從拓樸學觀點來說，椒鹽脆餅與甜甜圈也不相等，因為椒鹽脆餅有三個洞。

物體上面洞的數量是拓樸學一個重要的性質，但要如何

以數學方式來定義「洞」？被邊界包圍起來的一無所有？不是，這種定義可不行。理論上，我們可以這麼做：在標的物周圍套上一條橡皮筋，如果它是球、蛋或其他沒有洞的物體，無論橡皮筋如何纏繞，都可以把橡皮圈收縮為一個單點；但如果是類似甜甜圈或椒鹽脆餅之類的物體，在表面纏上橡皮筋後，不一定能收縮成一點。如果橡皮筋穿過其中任何一個洞，橡皮圈纏緊時就會卡住，這就是為什麼在拓樸學中，物體是依洞數分類。

三維物體如球或甜甜圈的表面，稱為二維流形；那麼，三維流形（也就是四維物體的表面）又是如何？為了探究這些物體，法國數學家龐加萊以二維流形的相同方式進行推論。他提出粗糙的主張：若在其上的任何迴路（loop）皆可縮成一點的三維流形，在拓樸學上即等於球體。當他嘗試為這個主張提出證明時，卻陷入水深火熱之中，他的嘗試失敗了。因此，1904年，這個「主張」被改為「猜想」。

20世紀後半，數學家接二連三地證明了龐加萊猜想對四維、五維、六維，以及更高的維度流形是成立的，但最原始的三維流形猜想仍舊無人能解。這讓人很沮喪，因為研究目標三維流形，代表的正是我們生活其中的時空連續體。

2003年春天，聖彼得堡斯特克羅夫研究所（Steklov Institute）的俄羅斯數學家格里高利‧佩雷爾曼（Grigori Perelman）宣布，他可能已經成功證明了龐加萊猜想。1995年，他的著名同行懷爾斯「破解」了「費馬最後定理」；佩雷

爾曼和他一樣，在完全獨處的狀態下做了八年研究。他的成果完全展現在三篇刊登於網頁上的論文中，一篇發表於2002年11月、一篇是2003年3月，最後一篇則在2003年7月。

前蘇聯的科學家生活困苦，佩雷爾曼也不例外。他在其中一篇論文的註腳裡提到，他僅靠著在美國研究機構擔任研究員的微薄薪資才能勉強餬口。2003年，佩雷爾曼在美國舉行了一系列演講，目的是與同行分享研究成果，並獲得他們的回饋意見。

佩雷爾曼的證明仰賴兩位數學家先前發展出來的兩項工具。第一項工具是所謂幾何化猜想（geometrization conjecture），當時加州大學〔現任教於康乃爾大學（Cornell University）〕的威廉‧瑟斯頓（William Thurston）提出了這項工具。對數學家來說，這是一項已知的事實：三維流形可以被拆解為基本元素。瑟斯頓的猜想指出，這些基本元素只有八種不同形狀，不過要證明這個猜想，需要比證明龐加萊猜想更大的野心，後者的目標只是確認流形與球體相等。但瑟斯頓後來設法證明了他的猜想，只是加上一些額外的假設。1983年，他因這項成就而獲頒數學界最高榮譽——菲爾茲獎（Fields Medal）。然而，這個猜想最一般化的版本，亦即未附加瑟斯頓假設的版本，目前尚未證明出來。

佩雷爾曼仰賴的第二項工具是所謂瑞奇流（Ricci flow），哥倫比亞大學（Columbia University）的理查‧漢米爾頓（Richard Hamilton）將這個概念引進拓樸領域。基本上，瑞

奇流是與熱量在體內的傳布方式相關的微分方程式。在拓樸學中，瑞奇流描述的是不斷變化的流形，其速率與流形在每一點上的曲率成反比，使得變形的物體達到固定曲率的狀態。有時瑞奇流能讓流形分裂為幾個元件，漢米爾頓證明（儘管仍受到一些條件限制），這些元件只能是瑟斯頓所預測的八種形狀。

佩雷爾曼成功地將瑞奇流理論，擴充為一般版的瑟斯頓幾何化猜想的完整證明。以這裡為起點，接下來就可以推論出龐加萊猜想是正確的：如果一個環繞著三維流形的迴路可以被縮至一點，則流形就等於球體。

佩雷爾曼在其一系列演講中提出的證明，仍需要更深入的驗證，這可要好幾年時間。其實向數學界提出證明後才發現其中有所缺漏的情況，這並非首例。例如，2002年，佩雷爾曼發表的前一年，英國數學家鄧沃德才在網頁上刊出他認為正確的龐加萊猜想證明（參見第五篇）；但一位同行很快注意到，鄧沃德在其五頁文章中所做的一項主張並無完整證明，讓他十分懊惱。

到目前為止，還沒有理由認為佩雷爾曼在論文中所描述的證明不正確，也沒有人發現漏洞，或者找到錯誤。若是他的證明未來能通過檢驗，這位俄羅斯數學家將是首位克雷獎金得主。克雷獎金頒發的對象是解出七大「千禧難題」之一的數學家，有了那100萬美元獎金，佩雷爾曼再也不必依靠貧乏的客座講師報酬過活了。[註1]

註　　釋

1　編按：2006年8月，四年一度的國際數學家大會在馬德里舉
　　行。正如眾人的預料，佩雷爾曼獲頒素有數學界諾貝爾獎之
　　稱的菲爾茲獎。數學界最終確認佩雷爾曼的證明解決了龐加
　　萊猜想。但佩雷爾曼不僅沒有出席大會，還史無前例地拒絕
　　接受這個獎項，引起一陣錯愕。

第四章

性情中人

有趣的數學故事：

◎挪威天才數學家阿貝爾的故事。

◎猶太裔數學家伯奈斯曾以不支薪的助理教授身分，執教五年。

◎為什麼匈牙利裔科學家，會被同行稱為「火星來的人」？

◎數學也能應用在建築和藝術上嗎？

◎你相信嗎？棋盤方格中隱藏著宇宙祕密之鑰。

◎數學家奚力思夢想著能去迪士尼上班，結果……

◎怎樣才能得到「厄多斯一號、二號、三號……」的頭銜？

◎高齡八十七歲的艾克曼的精采人生。

14
天才數學家的
悲劇禮讚

摘要 阿貝爾回到自己的故鄉，生病又身無分文，並且在得到柏林大學教授職位的前兩天死於肺結核，後人成立以他為名的阿貝爾基金，每年頒發80萬歐元獎金給數學家。

2002年8月5日，全世界都在慶祝歷史上最卓越的數學家之一──挪威的尼爾斯・亨利克・阿貝爾（Niels Henrik Abel, 1802-1829）誕生兩百年紀念，他在二十六歲時死於肺結核。雖然阿貝爾生命短暫，研究成果卻極為充實。一部重要的數學百科全書裡，共提到阿貝爾及「阿貝爾的」（abelian）這個形容詞多達兩千次。

由於阿貝爾的成就如此重要，因此在2001年，後來的挪威首相瑟瓦德・史托登伯格（Thorvald Stoltenberg）宣布成立阿貝爾捐贈基金（Abel Endowment Fund），每年以他的名義頒發80萬歐元獎金。這個獎是仿效諾貝爾獎，目的在於成為數學界最重要的獎項。

阿貝爾成長於挪威南部小鎮耶爾斯塔德（Gjerstad），在家中七個小孩裡排行老二。他的父親是路德教派神父，當過挪威國會議員一段時間。十三歲之前，阿貝爾都是在家接受

父親的教育，直到進入離家一百二十英里遠的克利斯丁安那（Christiana）[註1] 教會學校就讀，他的天分才得以顯露。一位數學老師察覺到這個小男孩異於常人的天賦後，不斷鼓勵他。

阿貝爾十八歲時，父親驟逝，他忽然發現自己被迫承擔養家的重任。於是他開始擔任基礎數學家教，並且四處打零工維生，幸而師長提供財務援助，阿貝爾才能在1821年進入克利斯丁安那大學（University of Christiana）就讀，也就是後來的奧斯陸大學（University of Oslo）。沒多久，阿貝爾的光芒就超越了他的老師，不過，他的第一項重大成就後來卻被證明是錯的。阿貝爾相信，他找到了解出五次方程式的方法，並把論文寄給一家科學期刊發表，但編輯看不懂他的解法，要求他提供數字範例。

阿貝爾著手回應這項要求，很快就發現之前推導過程中的錯誤；雖然如此，錯誤反而帶來好處。訂正錯誤時，阿貝爾了解到，要以公式來解五次或更高次方的方程式是不可能的。為了獲致並證明這個結論，阿貝爾利用了一個稱為群論（group theory）[註2] 的概念，後來群論發展成現代數學的一個重要分支。

阿貝爾自掏腰包發表這篇論文，然後靠著挪威政府的資金前往德國，到哥廷根拜訪著名數學家高斯。然而，高斯沒有讀過阿貝爾事先寄給他的論文，甚至在會面時明白告訴阿貝爾，不管阿貝爾寫了什麼，他都不感興趣。阿貝爾失望之餘，繼續前往法國，這段附加行程卻產生幸運的副作用：前

往巴黎途中，他在柏林結識了工程師奧古斯特・里奧波德・克列爾（August Leopold Crelle, 1780-1855），後者後來成爲阿貝爾的密友及資助者。克列爾所創辦的《純粹數學與應用數學期刊》（*Journal für Reine and Angewandte Mathematik*，這本期刊現今仍持續發行），曾刊登過許多阿貝爾的原始論文。

　　阿貝爾打算造訪的法國同行沒有那位德國教授好客，透過引介，阿貝爾把他發明的橢圓函數寄給當時法國首屈一指的數學家奧古斯丁・柯西（Augustin Cauchy, 1789-1857）[註3]，但完全沒有引起注意。他的論文被遺忘，最後甚至全部遺失。雖然阿貝爾覺得沮喪，仍堅持留在巴黎，盡量爭取別人對研究成果的認可；當時他的財務狀況早已捉襟見肘，一天只能吃一餐。

　　但阿貝爾的犧牲最後並沒有獲得回報，雖然克列爾苦口婆心地勸他留在德國，阿貝爾還是回到自己的故鄉，生病又身無分文。阿貝爾離開後，克列爾開始設法幫他在學術界尋找教職，最後他的努力終於成功了。在一封日期爲1804年4月8日的信件中，他興高采烈地告訴阿貝爾，柏林大學（University of Berlin）願意提供他教授職位。很不幸的是，一切都太遲了——阿貝爾已經在兩天前死於肺結核。

　　在與阿貝爾有關的許多概念中，讓我們簡述一下「阿貝爾群」（abelian group）。現代幾何學把可以透過運算彼此連結的一組元素，定義爲「群」，但這項定義必須滿足下列四個條件：

　　第一，運算的結果必須也是群中的元素。

　　第二，運算必須符合「結合律」（associative law），也就是兩個連續運算的順序可以交換，而且不會影響答案。

　　第三，必須有一個所謂零元素（neutral element）存在，讓運算結果不變。

　　第四，每個元素都必須有反元素（inverse）[註4]。

　　來自加法運算的整數便是一例，原因是：

　　第一，兩個整數的和還是整數。

　　第二，運算是可交換的，因為(a+b)+c=a+(b+c)。

　　第三，其中0是零元素，因為一個數字加上0還是不變。

　　第四，也有反元素，例如：5的反元素是−5。

　　有理數（整數與分數）並不能組成乘法的群，即使兩個有理數相乘還是有理數（例如$\frac{2}{3}\times\frac{3}{7}=\frac{6}{21}$），5的反元素是$\frac{1}{5}$，零元素則是1，但是0沒有反元素。

　　群可以分為「阿貝爾」群或「非阿貝爾」群，如果群中的元素在彼此相連結時可以互換（如5+7=7+5），就稱為阿貝爾群。非阿貝爾群的例子之一是骰子的旋轉，如果依序繞著兩個不同的軸旋轉一個骰子，這兩次旋轉的發生順序當然互有影響，你不妨自己試試。拿兩個骰子，然後在桌上把它們擺成相同的樣子，第一個骰子先繞著垂直軸旋轉，再繞著

水平軸旋轉；第二個骰子也以相同方向旋轉，但先繞水平軸
再繞垂直軸。接著，你會發現兩個骰子的各面朝著不同方
向。因此，旋轉骰子的群是非阿貝爾群，就是這個與眾不同
的例子，才讓解開魔術方塊需要高超的技巧。

註　　釋

1 譯按：就是後來的奧斯陸。

2 編按：抽象代數的分支，一種研究群的理論。

3 譯按：複變函數論創始者，對估計理論與古典線性模型貢獻
　　良多，著名的柯西不等式及柯西分布皆以他為名。

4 譯按：元素與其反元素的運算結果，應該等於零元素。

15
不支薪的教授

猶太裔數學家伯奈斯為了躲避納粹，曾以不支薪的助理教授身分在蘇黎世大學執教五年，他的來臨讓瑞士的邏輯學開始萌芽。

1934年，德國悲慘的情況造就了蘇黎世的好運氣。數學家保羅・伯奈斯（Paul Bernays）因猶太背景，被迫從哥廷根遷居至利馬河（Limmat River）河畔的城市；然而，他卓越的邏輯學家聲譽比他本人更早一步到達蘇黎世。伯奈斯是1888年出生於倫敦的瑞士人，在柏林先攻讀電機，再改讀數學。然後，這位年輕博士以不支薪的助理教授身分在蘇黎世大學執教五年。

著名數學家希爾伯特有一天造訪蘇黎世，與一些瑞士同行在市郊山坡上散步時，注意到聰穎的伯奈斯，立刻提供他哥廷根大學（Universität Göttingen）的職位。雖然這位不支薪的教授已經三十幾歲，卻不認為移居哥廷根，擔任偉大數學家希爾伯特的助理，是有損顏面的事。他們共同研究的成果極為豐碩，鎔鑄成巨著《數學基礎》（*Foundations of Mathematics*）兩冊，完全以符號邏輯為基礎，為數學建立了雄厚的根基。

但遠方的地平線上已經浮現納粹的烏雲，哥廷根的教員多是信奉猶太教的男性〔唯一的女性是艾咪・諾特（Emmy

Noether, 1882-1935)［註1］，因此成爲希特勒黨羽的追捕對象，伯奈斯及其他猶太同事的離去讓希爾伯特十分氣餒。

哥廷根的「失」卻是蘇黎世的「得」，因爲伯奈斯的來臨讓瑞士的邏輯學開始萌芽。剛開始，他在蘇黎世聯邦理工學院擔任正式講師，然後成爲兼任教授，而且只需負擔一半的教學量。1939年至1940年間的冬季學期，伯奈斯與斐迪南・岡塞斯（Ferdinand Gonseth, 1890-1975）、喬治・波里亞（George Polya, 1887-1985）［註2］共同舉辦首次邏輯研討會。這項研討會後來成爲學期行事曆上的固定項目，由伯奈斯組織、領導，持續數十年。雖然參加研討會是免費的，但由於伯奈斯不是學校的全職教員，大可要求參與者付費；不過如果不是免費的，也就不會有那麼多學生參加。

即使1958年退休後，伯奈斯仍定期出席這項生氣勃勃的研討會，一直到年紀增長都是如此。伯奈斯的一個學生記得自己曾站在黑板前詳細解說新近發表的文章，而伯奈斯問第一個問題時，他的簡報才剛開始，然後伯奈斯與漢斯・勞屈理（Hans Läuchli, 1933-1997）展開辯論。勞屈理站到黑板前面，拿起粉筆，設法解答那個問題。恩斯特・史派克（Ernst Specker, 1920- ）隨即起身提出另一個解答，接下來伯奈斯爲了強調自己的看法，也擠到前面來。對話愈來愈熱烈，可憐的學生〔現在已經是洛桑大學（University of Lausanne）可敬的教授〕差點無法結束他的簡報。

1977年9月18日，伯奈斯逝世；而他去世後，邏輯研討

會的傳統由前同事勞屈理及史派克接替。1987年，史派克
退休時，他的助理與學生請求他繼續舉辦研討會，於是他又
多主持了十五年。幾位曾參加過研討會的學生，現在都已經
是世界各大學的教授了。

<h2 style="text-align:center">註　　釋</h2>

1 譯按：德國數學家，對數學物理與抽象代數有重大貢獻。

2 譯按：匈牙利數學家，對數學衆多分支皆有貢獻，著有《如
何解題》、《數學發現》、《數學與猜想》等書。

16 火星來的天才

摘要 馮諾曼和幾個參與曼哈頓計畫的匈牙利科學家,被同行稱為「火星來的人」,因為他們擁有超凡的智力,彼此使用的是難解的語言,所以大家謠傳他們一定是從其他星球來到地球的!

一個多世紀之前,也就是1903年12月28日,布達佩斯誕生了一位近代最重要的數學家——約翰‧馮諾曼(John von Neumann, 1903-1957),今日他被稱爲「電腦之父、賽局理論創始人、人工智慧先驅」,同時也是原子彈開發者之一。馮諾曼在諸多領域均有傑出表現,包括傳統領域(如純數與物理的數學基礎)、現代議題(如電腦科學)、後現代議題〔如神經網路與細胞自動機(cellular automata)〕;數十年後,另一位天才史蒂芬‧渥夫朗(Stephen Wolfram, 1959-)才再度發掘了細胞自動機(參見第十八篇)。

馮諾曼的小名叫揚西(Jancsi),家人都這樣稱呼他。他的雙親是富裕的猶太人,父親是銀行家,花錢買下貴族氣派的稱號「馮」,以便放在聽起來平庸無奇的「諾曼」前面。就像布達佩斯其他有錢人一樣,這個小男孩由德國與法國家庭教師帶大。馮諾曼在兒童時期就顯露天才的光芒,不僅能以古希臘語交談,也能背誦整本電話簿,布達佩斯新教徒高中的老師沒多久就發現他的數學才華,全力栽培。

　　順道一提，馮諾曼並不是這所學校裡唯一的資優生，其他還包括下列人士：1963年諾貝爾物理學獎得主尤金・威格納（Eugene Wigner, 1902-1995）[註1]，他是比馮諾曼早一屆的學生；1994年諾貝爾經濟學獎得主約翰・豪爾紹尼（John Harsanyi, 1929-2000）[註2]，也是該校畢業生；還有猶太復國主義創始人西奧多・赫茲（Theodor Herzl, 1860-1904）。

　　如同大家的預料，馮諾曼高中畢業後便急切地想攻讀數學，但他父親認為數學是沒有前途的科系，希望兒子能讀商。馮諾曼反對父親的看法，最後兩人達成協議，年輕的馮諾曼去柏林唸化學。因為依照他父親的看法，化學至少是個實用的科目，能帶來穩定的收入。然而，這個學生同時也在布達佩斯大學（University of Budapest）的數學系註冊。不用說，為了防止猶太學生讀大學所制定的新生錄取名額限制並無法阻擋馮諾曼，他也未曾在學校遇到任何反猶太主義的情況，因為他從來不上課，只到布達佩斯參加考試。

　　1923年，馮諾曼轉學，從柏林搬到蘇黎世，進入蘇黎世聯邦理工學院就讀，除了必修的化學課之外，還參加學院舉辦的數學研討會。1926年，他不僅得到蘇黎世聯邦理工學院化學文憑，也拿到了布達佩斯大學數學博士學位。他的博士論文題目是集合論（set theory）[註3]，這是一個創新的領域，而且證實對數學的發展極為重要。

　　不久，這位年輕的博士先生（Herr Doktor，當時他生活圈裡的人都已經知道他是個天才）抵達哥廷根，那裡的大學

擁有全球公認最頂尖的數學中心。數學中心的代表人是當時
聲望最高的數學家希爾伯特，他熱誠歡迎馮諾曼，後來馮諾
曼又在柏林與漢堡舉行一系列的演講。

　　鑑於有猶太血統的教授被拒於歐洲大學門外，馮諾曼接
受普林斯頓大學的邀請，前往美國。當時是1930年代初期，
馬克斯・普朗克（Max Planck, 1858-1947）[註4]、韋納・海
森堡（Werner Heisenberg, 1901-1976）[註5]與其他人剛發展
出量子力學。由於馮諾曼可以提供量子力學理論向來欠缺的
堅實、嚴密的數學根基，所以這項成就爲他贏得高等研究院
職位，並且和愛因斯坦（Albert Einstein）一樣成爲六位創始
教授之一。此後直到他去世爲止，高等研究院一直是這位數
學家眞正的家，他也入籍爲美國公民，並把名字揚西改爲強
尼（Johnnie）。

　　馮諾曼不僅對純數的基本原理有興趣，也很著迷於數學
在其他領域的應用。當時歐洲正受戰火侵襲，自然科學在戰
爭上的應用更顯重要，而他在流體力學、彈道學及震波方面
的研究成果引起軍方興趣，很快就成爲美國軍方的顧問。
1943年，他的事業又向前邁進了一小步，參與新墨西哥州洛
塞勒摩斯的曼哈頓計畫，與一群匈牙利移民合作，包括威格
納、愛德華・泰勒（Edward Teller, 1908-2003）[註6]、里奧・
席拉德（Leo Szilard, 1898-1964）[註7]等人，他們共同參與開
發原子彈的工作。

　　這幾位匈牙利的科學家被同行稱爲「火星來的人」，因

為他們擁有超凡的智力，彼此使用的是難解的語言，所以大家謠傳他們一定是從其他星球來到地球的！

馮諾曼和他們在洛塞勒摩斯提供的關鍵性計算結果，使得科學家能夠發展出鈽彈。洛塞勒摩斯的科學家必須解出許多冗長、重複的計算，為了加快速度，他們發展了計算技術，將計算交由算數高手人工執行，但隨著時間流逝，他們的壓力愈來愈緊迫。

馮諾曼剛好熟知艾倫·涂林（Alan Turing, 1912-1954）[註8] 的概念，也很清楚工程師約翰·埃克脫（John Eckert, 1919-1995）[註9] 及其物理學家同事約翰·莫奇利（John Mauchly, 1907-1980）[註10] 的想法，前者提出了現代電腦的概念，後兩人則正在賓州建造美國第一台電子計算機。依據他們的初步研究成果，馮諾曼接手發展這些後來被稱為「計算機結構」（computer architecture）的概念，直到今日，「馮諾曼結構」（von Neumann architecture）仍控制著每台桌上型電腦的資訊流（data flow）[註11]。事實上，之前專家還一直認為必須把程式做成硬體的一部分，如同機械式加法機一樣。

有一天，馮諾曼與來自維也納、任教於普林斯頓大學的經濟學家奧斯卡·摩根斯坦（Oskar Morgenstern, 1902-1976）[註12] 討論事情時，產生了被稱為「賽局理論」（game theory）的概念。馮諾曼和他的維也納朋友證明了所謂「最小最大值定理」（mini-max theorem）：對紙板遊戲而言，無論是讓得分最大化或讓損失最小化，結果都一樣。賽局理論也

應用在商場及國際政治上,現在則已經發展成介於數學與經濟學之間的獨立分支。這項理論的最大擁護者是約翰‧納許(John Nash),他在1994年與豪爾紹尼、萊因哈德‧賽爾登(Richard Selten)[註13]共同獲得諾貝爾經濟學獎。事實上,電影《美麗境界》(A Beautiful Mind)的數學家主角就是納許。

馮諾曼晚年對大腦產生興趣,在一篇關於人類大腦與電腦類比的文章中,主張大腦的運作有二元及類比兩種模式。此外,他寫道:「大腦很少使用類似個人電腦中的馮諾曼結構,而是用現代超級電腦使用的平行處理方式。」他預見了神經網路理論,這項理論在現今的人工智慧研究中扮演重要的角色。

馮諾曼很熱衷享樂,他與第一任妻子瑪麗達(Marietta),以及離婚後再娶的克拉麗(Klari)[註14],都試著把夜總會的氣氛帶進美國,因為他在柏林初識夜總會之後便樂在其中。馮諾曼在普林斯頓大學舉辦的徹夜狂歡派對,已成為一種傳奇。

馮諾曼一生獲獎無數、頭銜無數,一生的最後幾個月卻過得很困苦。他在五十二歲時得知自己罹患癌症,但也無法避免必然的後果,這位頭腦停不下來的科學家被局限在輪椅上,受疾病徹夜發作的折磨。一年之後,1957年2月8日,馮諾曼終於向病魔投降,病逝於華盛頓特區的華特里德醫院(Walter Reed Hospital)。

註　　釋

1 譯按：匈牙利裔美籍物理學家，因原子核和基本粒子理論（特別是透過基本對稱原理的發現和應用）而獲頒諾貝爾獎。

2 譯按：美國經濟學家，因在非合作賽局理論的均衡分析理論方面的貢獻而獲獎。

3 編按：集合論是現代數學中的重要工具，數學的每一分支皆可視為某個物體之集合的研究，例如代數與數的集合和這些集合的運算有關，而分析則主要是研究函數的集合之關係。

4 譯按：德國物理學家，因為在黑體輻射方面的研究，獲得諾貝爾物理學獎。

5 譯按：德國理論物理學家，最著名的研究為量子論，包括矩陣力學和測不準原理，獲頒1932年諾貝爾獎。

6 譯按：匈牙利裔美籍物理學家，被稱為「氫彈之父」。

7 譯按：匈牙利裔美籍物理學家，發現核子連鎖反應的可能性。

8 一位嶄露頭角的英國數學人才，當時正在普林斯頓大學撰寫博士論文。

9 譯按：美國工程師，第一台一般性用途電子計算機的發明者之一。

10 譯按：美國電子工程師，與埃克脫同為第一台計算機的設計者。

11 編按：一條訊息（數據）從開始到目的地所採用的路徑。

12 譯按：出生於德國的美國經濟學家，與馮諾曼合著《賽局理論與經濟行為》，是賽局理論的創始著作。

13 譯按：這三位數學家在非合作賽局的均衡分析理論方面有開
創性貢獻，對賽局理論和經濟學影響重大。

14 真巧！兩位夫人都來自布達佩斯。

17 幾何學大復活

摘要 美國建築師富勒設計了著名的多面體圓頂，作為1967年蒙特婁萬國博覽會的標誌。只要觀察數千個三角形如何共同組成一個圓頂，就能了解它真的是依據考克瑟特的初步研究建造成的。

回溯1950年代，當時幾何學看起來就像一門快絕種的學科。雖然學校老師必須教學生幾何，但對研究人員而言，這門數學分支完全無法引起他們的興趣。許多數學家認為幾何學不過是頂舊帽子，幸好有個異類不這麼想，他的名字叫哈洛德・考克瑟特（Harold S. M. Coxeter, 1907-2003）。

1907年2月9日，考克瑟特出生於倫敦，在他還只是個就讀文法學校的小男孩時，驚人的數學天分就吸引了旁人注意。考克瑟特爵士將兒子引見給勃特蘭德・羅素（Bertrand Russell, 1872-1970），這位哲學家建議他們在家自行教育這個小男孩，直到年齡可以進入劍橋大學為止。即使在劍橋這個英國首屈一指的學術中心，考克瑟特也能很快建立起天才數學家的聲譽。劍橋最著名的哲學家路德維希・維根斯坦（Ludwig Wittgenstein, 1889-1951）將考克瑟特選為准許參加他數學哲學講座的五位學生之一。

考克瑟特取得劍橋的博士學位後，受邀至普林斯頓大學擔任客座教授。二次大戰爆發前不久，他接受了多倫多大學

（University of Toronto）的教職，就在這個偏遠之地，他遠離了世界其他知名數學中心，在這裡工作了六十多年。現在考克瑟特被公認為20世紀最卓越的傳統及現代幾何學代表人物之一。

1938年，歐洲及美國面臨政治騷亂，考克瑟特默默隱身於多倫多的辦公室裡，牆上寫滿數學模型。他的發現及理論超越了數學，顯著影響了其他領域，包括建築學及藝術。考克瑟特的多面體研究（如骰子與金字塔），以及其高維度對應物體（稱為高維多邊形）， 為C_{60}分子（形狀就像足球）的發現鋪好了路[註1]。

美國建築師巴克明斯特・富勒（Buckminster Fuller, 1895-1983）[註2] 設計了著名的多面體圓頂，作為1967年蒙特婁萬國博覽會的標誌，這是眾多利用考克瑟特的幾何研究做設計的建築之一[註3]。只要觀察數千個三角形如何共同組成一個圓頂，就能了解它真的是依據考克瑟特的初步研究建造成的。

考克瑟特也相當具有藝術天賦，尤其在音樂方面。他終生深受數學之美所吸引，他與荷蘭圖像藝術家埃舍爾的合作，堪稱歷史上科學與藝術最有趣、充實的夥伴關係。遇見考克瑟特之前，埃舍爾已經厭倦了老是在空白畫布上寫生花果鳥魚，想要做些不同的。實際上，他想做的是描繪「無窮」。1954年，國際數學家大會（International Congress of Mathematicians）在阿姆斯特丹舉行，兩人在大會中經人介

紹後認識，後來成為一輩子的朋友。會面後不久，考克瑟特寄了一篇他的幾何學論文給這位新朋友，希望他能閱讀並提供評論。雖然埃舍爾欠缺數學知識，卻對考克瑟特畫的數學圖形印象深刻。他立即創造了一組標題為「圓形極限I-IV」的圖畫，透過以圓形及方形框住特定圖形，然後愈靠近外框的圖形尺寸愈小。埃舍爾達成了他的目的——捕捉無限。

考克瑟特非常了解自己的好命，將自己的長壽歸因於對數學的愛、素食、每天一次五十下仰臥起坐，以及對數學的奉獻。就像他對同事說的，他從未覺得厭倦，而且「一直領薪水做自己喜歡做的事」。

考克瑟特原來安排了2003年8月時，要在布達佩斯舉行的對稱嘉年華（Festival of Symmetry）中負責大會報告。2月時，九十六高齡的考克瑟特仍舊熱心地準備參與這項會議，寫信給主辦人表示很樂意參加，如果屆時他還活著的話，一切「悉聽神旨」。信中還提到他打算演講關於「絕對規律性」的主題。但上帝另有安排，寫完信之後幾星期，2003年3月31日，考克瑟特在多倫多的家中平靜過世。

註　釋

1 考克瑟特的研究讓科學家哈洛德・克羅托（Harold Kroto）、羅伯・柯爾（Robert Curl）與理查・史摩利（Richard Smalley）得以進行他們的研究，並因而獲得1996年諾貝爾化學獎。

2 譯按：美國建築師、工程師、發明家、哲學家及詩人，被譽
　為20世紀下半葉最有創見的思想家之一。

3 C_{60}分子現在被稱為「巴克球」（Buckyball），因為它的形狀酷
　似巴克明斯特「巴克」‧富勒的多面體圓頂。

18
智慧，並不比天氣複雜？

摘要 渥夫朗確信那個有小黑方塊的棋盤方格中隱藏著宇宙祕密之鑰，認為自己已經找到所有生命的祕密。

2002年5月，一個美好的春日，英國出生的物理學家渥夫朗終於準備將他的大作《一種新科學》（*A New Kind of Science*）呈現給全世界。該書的發行花了漫長的時間，先做了宣布，然後三年間數度延期。正式發行前幾個月，書評已經讚揚此書是破天荒的著作，必將影響整個世界。這篇書評就像該書一樣，是渥夫朗自己的出版社發表的。如果你相信作者自己的宣言，或者喜歡公關公司的媒體宣傳，大概會假設該書可以媲美牛頓的《自然哲學之數學原理》（*Philosophiae Naturalis Principia Mathematica*）和查爾斯‧達爾文（Charles Darwin, 1809-1882）的《物種起源》（*The Origin of Species*）。就算認為這作者的書與《聖經》相比都不遜色，也不為過。

由於出版這本書所引起的騷動，《一種新科學》一書很快就成為亞馬遜書店（Amazon.com）暢銷排行榜的第一名，而且穩坐寶座數星期之久。這本五磅重的大部頭書籍至少一千一百九十七頁，而且不是一般人隨便就看得懂的，堅忍不拔的讀者馬上就發現，渥夫朗的意圖是要徹底改變科學

這個概念。渥夫朗在書中提供了廣泛領域問題的解答,包括熱力學第二定律、生物學的複雜性、數學的極限,以及自由意志與決定論[註1]之間的衝突。簡言之,該書被尊捧為所有問題的最後解答,無一例外,都是幾代科學家一直奮力求解而不成功的問題。作者在該書的前言中表示,《一種新科學》重新定義了科學的各個分支。這是渥夫朗的信念,或者說,他要我們相信的信念。

這個對自己近乎神聖的天賦信心滿滿的人是誰?渥夫朗1959年出生於倫敦,雙親是哲學博士及小說家(若有大男人主義的讀者,特此說明:母親是博士,父親是小說家)。他們把這個小伙子送到伊頓公學(Eaton College)[註2],而他十五歲時就寫了第一篇物理論文,而且很快就被一家聲譽卓著的期刊接受。為了遵循英國學術精英之路,渥夫朗進入牛津大學(Oxford University)就讀,十七歲畢業,其他許多男孩在這個年齡不過才正要開始申請大學。二十歲時,他不但在加州理工學院(CIT)取得博士學位,而且已經發表了近十二篇論文。

兩年後,也就是1981年,渥夫朗獲得麥克阿瑟基金會(MacArthur Foundation)的獎學金,成為該獎項有史以來最年輕的得獎者。這項獎學金被稱為「天才獎」,專門提供給展現研究工作原創性的傑出人士,讓科學家能有五年完全財務獨立的時間。為了版權與專利權法律的相關原因,脾氣有些暴躁的渥夫朗與加州理工學院發生了一些齟齬,跳槽到普

林斯頓高等研究院，當時他的興趣分散在宇宙論、基本粒子和電腦科學領域。

　　最後他找到一個課題，這個課題可以作爲他當時（如果你相信他的公關用語）革命性發現的基礎：細胞自動機。幾年前，1940年代，傳奇的馮諾曼（也是渥夫朗在高等研究院的前輩之一）提出了細胞自動機的想法，但念頭一閃即過，很快就失去興趣。事實上，馮諾曼過世後，他所撰寫的關於這個主題的文章才發表出來，而且沒有人傳承延續這個概念，因此這個議題不久就消失了。

　　到了1970年代，大海另一端的英國劍橋數學家約翰・康威（John Conway, 1937- ）提出了細胞自動機的原型。雖然細胞自動機的原型以名爲「生命遊戲」（The Game of Life）的電腦遊戲型態出現，但其實並不是遊戲，而是一種概念。生命遊戲是利用一個類似西洋棋棋盤的方格，不同之處在於黑白格子並不是交互排列，而是隨機分布。你可以把這些格子解讀爲最初的菌落族群，然後有一些非常簡單的規則可以決定這些族群如何繁殖，接著有些細菌會存活，有些則死去，還有新的菌落會發展出來。

　　雖然決定存活與繁殖的規則很簡單，例如如果細菌有三個以上的鄰居，它就會死，但棋盤上發生的狀況卻一點也不簡單：族群型式出現複雜的發展，有些菌落死去，有些不知從哪兒跑了出來，還有一些持續搖擺在兩個或更多的狀態之間。然後，有一些菌落持續滅亡，直到只剩下寥寥幾個菌

落。令人驚訝的是，只要少數幾項簡單規則，就可以造成如此多變、不同的狀態與後續結果。《科學人》（Scientific American）刊登了一篇關於生命遊戲的文章後，這項遊戲變得十分流行；根據估計，電腦花在這個遊戲上的時間比其他程式都多，它成了當紅炸子雞。

渥夫朗也不例外，但他不是只用生命遊戲來消磨時間，還做了更進一步的研究。嚴密分析檢驗遊戲後，他把演化出的型態加以分類。後來，1983年他在《現代物理評論》（Review of Modern Physics）上發表文章，名為「細胞自動機的統計機制」（Statistical Mechanics of Cellular Automata），這篇文章現在已經被公認為細胞自動機的標準入門介紹。

這時渥夫朗已是二十四歲，仍在追求學術生涯的發展，從高等研究院跳槽到伊利諾大學（University of Illinois），相信自己的研究可以開啟大眾對細胞自動機的興趣。然而，只有少數同行對這個議題感興趣，渥夫朗在未獲讚賞及認同的情況下，顯然無法大展身手，頗為失望。但他從不缺乏新點子，轉而發展新的職業生涯，成為企業家。

渥夫朗當然不會毫無準備就冒險投入管理領域，他在科學生涯中已經開發了一套軟體來執行符號數學（symbolic mathematics）。換言之，這套軟體不僅能進行數值計算，還能調整方程式或求解複雜積分的答案，並作為其他精密計算的工具。不到兩年，他已經把軟體發展為商品，以「Mathematica」之名發售，立刻成為暢銷商品。現在大學與大型企

業裡約有兩百萬專業人士使用Mathematica，包括工程師、數學家及企業家。憑藉這項廣泛使用的創新商業科學軟體，員工三百人的渥夫朗公司（Wolfram Inc.）至今仍生意興隆。

　　這項新財源讓渥夫朗得以獨立地回到科學工作，接下來十年每晚都埋首研究。他確信那個有小黑方塊的棋盤方格中隱藏著宇宙祕密之鑰，認為自己已經找到所有生命的祕密。

　　自然科學家常常相信，所有物理、生物、心理與演化的現象都能用數學方法來解釋，渥夫朗也不例外。但是他相信，並不是全部的現象都可以用數學式解釋，只要把變數與參數插入適當的位置就大功告成了；相反地，他主張利用一而再、再而三重複的一系列簡單計算，即所謂「演算法」（algorithm）[註3]來進行。只觀察中間解答的發展，無法預測最終的結果，只有執行完整個演算法，才能得到最終結果。

　　渥夫朗檢視模擬細胞自動機的演算法，發現它們是模仿自然界的型式，例如某些細胞自動機與結晶的生成或液體亂流的出現非常類似。有時他必須執行數百萬個版本才能得到合適的自動裝置，但自動機最後總是能成功運作，無論用在熱力學、量子力學、生物學、植物學、動物學或金融市場都是。渥夫朗甚至聲稱，人類自由意志的結果可以用細胞自動機流程來描述，堅信簡單的行為規則（類似細胞自動機）決定了我們大腦中神經元的作用。重複這些行為模式數百萬次，就能呈現出看來複雜的思考方式。原則上，我們向來所認知的智慧，並不比天氣複雜。他也斷定，只要讓演算法執

行一段夠長的時間，一組非常簡單的計算就能重製出宇宙最後與最小的細節。

　　渥夫朗幾年間一直獨立工作，只與少數信得過的同事分享想法，這種作法其實好壞參半。一方面，渥夫朗不必冒險讓自己暴露在批評或嘲笑中；另一方面，沒有人可以檢驗他的論點或改善建議。但渥夫朗做得很好，在讀完近一千兩百頁的文章後，即使最多疑的讀者也會被說服，相信細胞自動機能夠極佳地模擬無數自然現象的模式。

　　但那是否代表自動機是所有自然界型式的源頭？不，這太超乎想像了。讓類比與模擬取代科學證明，是不能被接受的想法。舉例來說，如果我們參觀杜莎夫人蠟像館（Madame Tussauds）時，站在與本尊一模一樣的貓王蠟像前面，是否可以歸納出貓王是蠟製的？當然不行。渥夫朗可不同意，對他來說，問題在於你對模型的需求。以他的觀點，模型若能描述自然現象最重要的性質，就是好模型。他指出，即使是數學公式，也只能提供我們現象的描述，而非解釋。渥夫朗表示，如果貓王最重要的性質是他外表的樣子，那麼蠟像就應該被認為是好的模型，無論你的企圖或目的為何。

　　這種論點能否說服其他科學家還有待觀察，但渥夫朗一點也不擔心。他想讓大家都去讀他的書，而不是特定的少數人；就這方面來說，他的確表現得很好，不僅僅只是因為有了油嘴滑舌的宣傳機器。

註　釋

1 譯按：哲學理論的一種，主張一切事件完全受先前存在的原
因決定。

2 譯按：英國頂尖私立貴族中學。

3 編按：在有限步驟內解決數學問題的程序，但目前已不限於
解決數學問題。

19
幻想工程部
的副總裁

摘要 奚力思是著名的「連結機器」設計者,他設計的電腦整合並連結超過六萬五千五百三十六個處理器,所以能夠以前所未見的速率執行運算。奚力思的下一個探險是待在華特迪士尼幻想工程,後來他終於在米老鼠的母公司擔任研發副總裁,夢想成真!

丹尼爾・奚力思(Daniel Hillis, 1956-)看起來不像是剛被提名為百萬美元獎金「丹大衛獎」(Dan David Prizes)得主的人,一點也不像!然而,這的確是發生在這位世界知名電腦科學家與企業家身上的事。以色列台拉維夫大學(University of Tel Aviv)每年頒發這個獎項,表彰在科學或技術方面有卓越貢獻的科學家。奚力思謙遜、穩重,是個頂尖的思想家,經常與諾貝爾獎得主、著名科學家及美國頂尖大學教授一起被相提並論。

仔細端詳,奚力思甚至不像一個研究人員,不過看起來也不像生意人。2002年5月,筆者代表瑞士報紙《新蘇黎世報》訪問他時,坐在他的對面,彷彿看到一個大個頭的小孩。他淘氣又不斷微笑的臉孔有高度感染力,你會不由自主地想要分享他的好心情。當這位擁有超過四十項專利的知名

得獎者舒服地坐在台拉維夫希爾頓飯店（Hilton）貴賓室的高雅皮沙發上時，他似乎也對自己及整個世界感到滿足。

奚力思穿著牛仔褲和開襟襯衫，腳踏運動鞋，稀疏的頭髮綁了馬尾。他有著天才的冷靜，屬於那種坐在大學的咖啡廳裡，不費吹灰之力就能創造出奇妙主意的人。不難看出這個毫不矯飾的人，其實就像一個坐在家中房間地毯上、笨拙地修補機器人的小男孩。我的腦海裡浮現其他比喻，例如華特迪士尼（Walt Disney）的Gyro Gearloose[註1]，他以許多不可能的發明，娛樂了全世界的兒童；或者Q博士，他是設計〇〇七情報員神奇道具的主腦人物。

但奚力思已經是個大人了，既沒有坐在自己的遊戲間玩機器人，也沒有開著救火車四處跑。他現在沉浸於與沙克生物研究中心（Salk Institute for Biological Studies）著名科學家悉尼・布瑞納（Sydney Brenner, 1927- ）[註2]的對話中，布瑞納剛好也是丹大衛獎得主，這位教授似乎很習慣認真看待這個大孩子。

事實上，幾乎每個人都很認真地對待奚力思。理由很簡單，奚力思是著名的「連結機器」（Connection Machine）設計者，這部電腦整合並連結超過六萬五千五百三十六個處理器，所以能夠以前所未見的速率執行運算。奚力思設計這部電腦時，遇到大量當時仍是無解的問題，因為科學家相信那六萬五千五百三十六個晶片只能在序列機器上執行，但奚力思卻必須讓它們以平行方式執行。奚力思那時還是麻省理工

學院的學生，受到大腦結構的啓發，發明了連結機器，但兩者當然還有很大差異。一方面，與大腦裡的神經細胞數目相較，晶片數量仍微不足道；另一方面，電腦晶片彼此之間的溝通速度，遠遠比神經電波的傳遞快。奚力思讓這個六萬五千五百三十六個晶片組成的樂團，依指揮家指定的節拍演奏，了解如何克服所有困難。連結機器最後不僅有商業化的可行性，也順便作爲他的博士論文題目。

1986年某一天，奚力思這個永遠的孩子，覺得該是從思考機器公司（Thinking Machines）的工作中喘口氣的時候了，那是他在幾年前爲了開發連結機器所成立的公司。他沒有多加考慮，隨即動身前往奧蘭多的迪士尼世界，在白雪公主的城堡前安頓下來，開始撰寫博士論文。這成了他的習慣，他每天都跑到主題公園裡，找到一個安靜的地點後，開始舒適地寫論文。

他的平行運算構想相當前衛，遠超過電腦科學學術界的需求，而且激起了商界的興趣。最後他賣出了70%的機器，不過並非就此一帆風順。連結機器錯綜複雜的結構，使撰寫專用軟體程式異常困難又昂貴。大家都知道，如果沒有軟體，硬體的價值就和製造原料差不多，如錫和矽，所以奚力思決定尋求新的創新途徑。

奚力思的下一個探險，是待在華特迪士尼幻想工程（Imagineering）[註3]，他終於在米老鼠的母公司擔任研發副總裁，夢想成眞！在那裡，他可以實現自己兒時的夢想。他最

初只打算待兩年，但是因為在開發電影、旋轉木馬、電視影集的創新技術中獲得許多樂趣，因此整整待了五年。然而，一天早上醒來，他發現當下從事的專案計畫對人類的重要性及帶來的益處，可能不符合自己原先的期望，因此毫不猶豫地轉換跑道。但他在華特迪士尼幻想工程學會了重要的一課：不可輕忽組織與溝通資訊所需的說故事藝術。的確，迪士尼傳遞資訊的方式比工程師所用的方法更有效率。

　　因此，奚力思理所當然地將後來成立的科技研發公司應用心靈（Applied Minds）的主要宗旨之一訂為：以能夠輕易理解的方式，傳達訊息給群眾。應用心靈公司是由一位電影製作人及三十位科學家與工程師的團隊所組成，總是不斷發明「東西」。奚力思身為執行長，當然不能洩露應用心靈最後想帶進市場的到底是什麼樣的東西。他小聲地說，那仍是商業機密，而且臉上帶著神祕的微笑。他表示，「我不想讓電腦再更加聰明了，現在我只想讓人更聰明。」然後，他補充說，公司所經營的業務，其重要性不僅在於能夠做事情，而且可以娛樂感官。他們的最高目標是要改變世界，既明確又單純。奚力思指出，他最喜歡的專案計畫，是那些綜合了硬體、軟體與機械及電子的問題。他和公司負責開發構想及構建原型，例行的製造與行銷工作留待專家執行。這位馬尾科學家雖然用語謙虛低調，不過他可是美國政府的顧問。

　　他希望如何利用丹大衛獎的獎金？奚力思打算先捐出部分獎金給非營利組織，然後用最大一部分獎金設立基金會，

資助他的一個構想──建造萬年機械鐘。幾年前，奚力思秉持著內在的童真，心生一個主意，想建造能運行超過萬年的時鐘，而且每千年響一次。奚力思說，這個構想能鼓勵人們做長期思考，並延長他們的時間感。

由於我們的文明還太年輕，這項計畫的長期意涵令人驚訝。誰會知道一萬年後的鐘變成什麼樣子？或是以這件事來說，測量時間有什麼意義？將來誰能維修這個鐘，或知道如何閱讀操作手冊？原本看來相當天真的計畫，忽然變成了大型工程。這項規畫中的工程，不僅凸顯了隨著這種歷史性作品而衍生的技術問題，更重要的是，迫使建造者與旁觀者注意到人類學、文化史與哲學的相關議題。

這個機械鐘的第一個原型已經建造好並開始運作，在倫敦的科學博物館（Science Museum）展出。1999年12月31日午夜之前幾小時，科學家和工程師才完成工作，奚力思差一點就無法目睹最令人興奮的時刻。他早就打算要親眼看著這個時光機器從01999跳到02000，而所有努力差點付諸流水。在歷史時刻來臨前的六小時，奚力思一位同事注意到指示世紀的圓盤插錯了電源。如果沒有發現這個錯誤，這個時鐘運行的第一個1000年的最關鍵時刻可能就要被毀了，因為時鐘會從01999跳到02800。工程師瘋狂趕工到最後一分鐘，才把事情搞定。然後，隨著午夜來臨，兩聲低沉的鐘聲響起，鐘面上指示日期的指針順利從01999變成02000。

奚力思正在考量，想用他的丹大衛獎金在耶路撒冷建造

另一個萬年鐘，這個想法可能源於聖城與過去、未來的密切聯繫，但更可能是受到在時鐘上加上猶太教、回教與基督教的曆法系統這項挑戰吸引。

　　訪問接近尾聲時，奚力思忽然話鋒一轉，談起了學生時代，並從口袋中拿出一本筆記本，開始在紙上潦草地寫下一個數學式。他淘氣地說明，表示那個數學式代表他在麻省理工學院讀書時解出的一個數學定理，雖然他的教授強烈質疑。這位教授是世界知名的組合論（combinatorial theory）[註4]專家，而連他也不得不承認他的學生是對的。這已經是四分之一世紀以前的事了，奚力思現在是百萬獎金得主，可以坐在豪華飯店的貴賓室裡，輕笑著回憶往日的勝利。解決艱澀的數學難題、證明教授的錯誤所帶來的喜悅，至今仍刻畫在他的臉上。

註　釋

1　譯按：唐老鴨卡通中的人物，一個聰明卻心不在焉的技術狂熱者兼發明家。

2　譯按：英國科學家，2002年諾貝爾生理和醫學獎得主。

3　譯按：迪士尼專門負責規畫所有遊樂設施的單位。

4　編按：離散數學的分支。

20 被降級的退休數學教授

摘要 要得到厄多斯一號頭銜，必須曾經與厄多斯共同發表文章；而想獲得厄多斯二號頭銜，必須和曾與厄多斯共同發表文章的數學家共同發表文章，依此類推。

史派克是蘇黎世聯邦理工學院榮譽退休數學教授，最近剛慶祝八十二歲大壽。然而，這位有點駝背卻生氣勃勃的老先生，還是像1960年代後期筆者上他的線性代數課時一樣靈活機敏、頭腦清楚。事實上，「榮譽退休」一詞用在史派克身上並不十分貼切。他表示，只要憑常識就知道這個詞美化了事情的真相；接著，他的眼光閃爍了一下，然後繼續補充說，他認為其實自己是被降級了，因為無論何時，當他想辦演講或數學研討會時，都必須向大學申請許可。不過這個說法也顯示出，這件十五年前發生的降級事件並未減損他對工作的熱忱。退休之後，他幾乎不曾間斷地每週舉辦邏輯研討會；但到了2001年至2002年的學年，研討會終於永久結束——六十年前就開始持續在蘇黎世聯邦理工學院舉行的研討會，再也不會出現在學年的行事曆上，因為高層的決策決定一切。

史派克是最仁慈、友善的人，又有幽默感，來自全球各

地的許多學生在蘇黎世聯邦理工學院接受口試時，都可以證明這點。有個可憐的考生受困於錯誤的答案，不知道如何繼續下去，幸而當時的口試委員中有史派克。這位教授先生提供了足夠的暗示與祕訣，就算最緊張的考生也能蹣跚地找到正確的答案。

作為數學家，史派克非常開明，隨時準備好探索新的、甚至稀奇古怪的概念，筆者可以用他的線性代數課證明這點。這位教授會站在講台前面，拿著粉筆，詳細解釋線性方程式與矩陣系統，同時在黑板上寫滿方程式和公式，然後在黑板空間用完之前，把整面黑板擦乾淨，重新開始。一個星期接著一個星期，「寫、擦、寫、擦……」的程序就這麼持續下去，最後史派克受不了，開始尋找另一種方式來講授這門課。他想出一個自認巧妙的主意──黑板上布滿白色粉筆的筆跡之後，他改用黃色粉筆。於是，他不必再擦黑板了！只要在白色數學式上用黃色粉筆寫上新的式子即可，然後提醒學生不必管原來的白色筆跡，只要注意黃色的部分就好。不久，不出所料，黑板上一團混亂，幸而史派克是個真正的數學家，很快就發現這樣行不通，宣布放棄這個方式，課堂裡立刻響起學生鬆了一口氣的嘆息聲。

史派克年輕時曾罹患結核病，童年時期被迫在瑞士阿爾卑斯山區的度假勝地達沃斯（Davos）養病，那裡以乾燥、乾淨的空氣聞名。他在達沃斯當地的私立學校就讀，然後再搬到蘇黎世讀高中。史派克內心一直相信自己應該遵循父親

的腳步,在法律界追求生涯發展,但卻很快就察覺法律課程無法滿足他。他無法接受律師追求真相的方式,反而受到數學家尋求和提供證明的方式吸引。於是他在1940年進入蘇黎世聯邦理工學院就讀;到了1949年,年方二十九的史派克就受邀至普林斯頓高等研究院工作一年。在這個傳奇的機構中,史派克認識了一些傑出人士,如寇特·哥德爾(Kurt Gödel, 1906-1978)[註1]、愛因斯坦及馮諾曼。

1950年秋天,史派克回到瑞士,蘇黎世聯邦理工學院立刻提供他一個講師職位;五年後,他受聘為正式教授。他在當時提出了革命性的發現:哈佛哲學家威拉德·範·奧曼·蒯因(Willard Van Orman Quine, 1908-2000)[註2]正式化的集合論,即所謂選擇公理(axiom of choice)[註3]並不成立。這項論點果然引起轟動,史派克立即接到康乃爾大學提供的教授職務。

數學家如何找到靈感,並證明出曾經年累月被研究探索的問題?史派克的回答是:「沒有人知道。」即使在洗澡或刮鬍子時,有時都可能靈光一閃。他伸出一根手指,鄭重強調,一定要完全放鬆,因為壓力會破壞創造力。還有一件事,「千萬別因起步的錯誤而氣餒。」史派克強調,起步的錯誤常常有助於後來的研究,甚至形成未來研究的基礎。

因為家人希望他留在瑞士,所以史派克拒絕了康乃爾大學的教職,但受到美國頂尖大學邀請這件事傳回了家鄉。史派克家鄉的學校(即瑞士聯邦理工學院)了解他是極有價值

的資產，必須善加愛護，所以學校行政當局免除了他的入門課程教學負擔，這類課程其實通常很乏味，但多數教授必須負責幫理工科學生上這些課。校方允許他全力追求自己的專業，因此接下來的五十年，史派克對多個領域皆有革命性貢獻，包括拓樸學、代數、組合理論、邏輯、數學基本原理，以及演算法理論等。

一天，著名匈牙利數學家保羅·厄多斯（Paul Erdös, 1913-1996）[註4] 造訪蘇黎世，史派克與他合作完成了一篇短文。這篇文章讓他獲得夢寐以求的「厄多斯一號」（Erdös number 1）頭銜，全球約有五百位數學家曾獲此殊榮。厄多斯編號的由來，是因為這位匈牙利數學家曾與數量多到前所未有的同行合作。要得到厄多斯一號頭銜，必須曾經與厄多斯共同發表文章；而想獲得厄多斯二號頭銜，必須和曾與厄多斯共同發表文章的數學家共同發表文章，依此類推。作為數學家，史派克立刻以數學公式來表達這項規律：每位與厄多斯n號的作者共同發表文章的作者，自動成為厄多斯n+1號。成為厄多斯一號精英數學家團體一員後不久，史派克發現自己成為一大群數學家的目標，大家爭相要求與他一起發表文章，以便獲得渴望的榮譽頭銜──厄多斯二號（約有四千五百位數學家是厄多斯二號）。

大家常問史派克：「邏輯對日常生活有何用處？」他的回答是，邏輯當然可以幫助你判斷一個答案是否正確、何時正確，但它還可以應用在其他領域，如語言學或電腦科學，

這些學科經過邏輯的形式化後，才成為科學的分支。

我們可以舉一個問題為例：「是否存在一個電腦程式，能夠檢驗其他程式及它本身是否正確？」經由邏輯判斷後，答案很明顯：「沒有這種程式。」另外還有關於處理複雜性的問題，例如：「我們知道一個人有能力解出一個問題，但卻必須花無限長（或至少幾百萬年）的時間來計算出答案，這樣有沒有用？」最後，即使是物理學的問題，也可以利用邏輯辯論的方式解決。舉例來說，史派克與普林斯頓大學的賽門・科臣（Simon Kochen）一起以純邏輯理論證明了，隱藏變數在量子力學中並不存在，因此隱藏變數不能如愛因斯坦所期望的那樣，去解釋一些量子力學的現象。

史派克持續在世界各地演講，並參加學術研討會，但仍然以家庭為重，喜歡與八個孫兒共度時光。他甜蜜地回憶起最近一次與孫女共進的午餐，當時和她愉快地聊了好幾小時數學。他微笑著解釋說，這是一個「真正美好的體驗」。

註　釋

1 譯按：奧地利數學家、邏輯學家及哲學家，最傑出的貢獻是哥德爾不完備定理（Gödel's incompleteness theorem）。

2 譯按：美國邏輯學家及哲學家，公認為20世紀後半英美哲學界的重要人物。

3 譯按：公理集合論中一條重要的公理，可以表示為：設C為

　　一個由非空集合所組成的集合，那麼，我們可以從每一個在
C中的集合裡，選擇一個元素來組成一個新的集合。

4　譯按：曾發表一千五百多份論文、書籍與文章，開創合作寫
　　論文的風氣，研究範圍橫跨離散數學中最古老的數論到拓樸
　　學等數十個領域。

21 永久客座教授的數學大師

摘要 無論何時，只要艾克曼開始探索新構想，就好像展開了一段新探險。樂觀與失望交替出現，直到最後達成突破為止。

如果你想找瑞士籍的數學大師，那麼貝諾‧艾克曼（Beno Eckmann, 1917- ）這個名字一定會浮現你的腦海。高齡八十七的艾克曼是蘇黎世聯邦理工學院的永久客座教授，雖然二十年前他就獲得了這項榮譽退職頭銜，但仍像往常一樣活躍。

艾克曼在瑞士首都伯恩長大，是個快樂的小伙子，學校生活對他來說相當輕鬆，而且他特別喜歡數學課，不過少年時期並未顯露出想以數學家為志業的徵兆。事實上，他的老師也反對他走這條路，因為他們認為數學領域裡所有能被發現的東西都已經被挖掘出來了；更重要的是，他們告訴年輕的艾克曼，唸數學沒有前途。

儘管有這些警告，1935年時，艾克曼還是決定依自己的喜好，進入蘇黎世聯邦理工學院，攻讀物理及數學。突然間，通往嶄新世界的大門為他敞開，因為這裡是全球最先進的科學機構之一，有最著名的科學家在此任教，包括諾貝爾

物理學獎得主沃夫崗・庖利（Wolfgang Pauli, 1900-1958）[註1]
和德國數學家漢茲・霍甫（Heinz Hopf, 1894-1971），他們認
為照顧這一小群數學系學生是自己的天職。1931年，霍普從
德國移民到蘇黎世，負責領導拓樸學領域的研究，當時拓樸
學還只是個處理高維空間結構問題的新興領域。艾克曼也察
覺到機會已經出現，試著以雙手牢牢掌握，他請求這位著名
的數學家指導他撰寫博士論文。即使在蘇黎世聯邦理工學院
的高標準下，艾克曼的論文仍獲得極高評價，贏得獎項。

　　艾克曼的聲望很快就從蘇黎世傳播出去；1942年，他
獲得瑞士法語區洛桑大學特任教授職位。那時正值大戰時
期，瑞士備受戰火威脅，這位年輕教授是一個愛國者，接到
徵召時毫不猶豫地投筆從戎。不過他巧妙地把砲兵偵查員軍
職與學校教職結合，一方面在大學講課，另一方面在軍中服
役，每兩個星期輪換一次。

　　戰後艾克曼受邀擔任普林斯頓高等研究院的客座教授，
在那裡結識了赫曼・外爾（Hermann Weyl, 1885-1955）[註2]
及其他被認為是數學家與物理學家黃金組合的成員，包括愛
因斯坦、哥德爾和馮諾曼。不消說也知道愛因斯坦是個搶手
人物，他是每個人都想親自認識的大明星。事實上，這位相
對論發現者已經厭倦了自己的名聲及絡繹不絕的訪客。但在
愛因斯坦眼中，艾克曼似乎是個例外，這位物理巨擘還會邀
請他到家中喝茶。這可能是由於愛因斯坦對蘇黎世及伯恩留
有溫馨的印象，他曾在兩地度過幾年值得回憶的時光，而艾

克曼正來自那裡。他對這位瑞士年輕人的喜愛更可能是因為艾克曼迷人的個性，以及研究科學的誠懇態度和天分。

在艾克曼的印象中，高等研究院另一位大明星馮諾曼比較平易近人。想起在普林斯頓的日子關於馮諾曼宴請朋友的軼事時，艾克曼臉上浮現微笑。（有一個關於這位數學家在鄉間道路上開快車的故事。要先說明的是，雖然艾克曼熱愛開快車，很不幸卻沒有足以匹配的駕駛技術。有一次，他很嚴肅地告訴旁邊的人：「我的車速是每小時六十英里，忽然間，前面來了一棵樹，然後……碰！撞車！」）

1948年，艾克曼接到蘇黎世聯邦理工學院的專任教職工作。他發表過的論文加起來有一百二十篇，與現今數學家的標準「著作列表」相較，似乎不是很多。但他的論文不僅完整，而且篇幅很長，涵蓋了許多經常變動的領域，除了指出新方向，還提供全新的見解。

然而，造就艾克曼聲譽的不光是他的著作，更讓人印象深刻的是他指導的博士班學生數量，總計超過六十人。選擇他作為指導教授的博士班學生，特別記得艾克曼持續從事的尖端研究，而他與學生溝通時的仁慈及友善態度，也深深吸引他們。其實能發現艾克曼是一位模範教授的人是幸運的，他的博士生中超過一半後來也成為教授，督導自己的學生寫論文。這位高齡八十有餘的教授身材依然苗條，身後掛的譜系圖有超過五代、共六百多位博士後代。

艾克曼向來對幾何、代數與集合論間的關聯感到著迷，

一直在尋求已經被他解開的問題與新數學問題間的聯繫。艾克曼警告，對數學家而言，相關性不應該是指導原則，但有時你也可以意外找到有用的運用方式。關於這點，艾克曼有一個實際的例子，那是1954年他所發表的研究中一個理論片段；半世紀後，才發現這個理論可以應用於經濟學，讓他大吃一驚。

艾克曼的影響也出現在1964年他所創始的研究計畫中，當時科學家正對如何宣傳他們的研究感到困擾。那時網際網路時代尚未來臨，在期刊上發表新研究成果往往耗時數月、甚至數年，較快傳播新成果的方式可能只有靠偶爾舉辦的研討會或學術座談會，因此艾克曼決心想出辦法來解決這個令人不滿的問題。一天，一個想法浮現在他的腦海：如何以有限的費用，來公開行銷大眾都有興趣的研究成果？他立即與海德堡著名的斯普林格出版公司（Springer Publishing Company）創辦人朱利亞斯・斯普林格（Julius Springer）的繼承人分享這個構想，當時這位繼承人剛好在蘇黎世攻讀生物學。

他的想法很簡單：只需要印出手稿即可，不須經過編輯的工夫，裝訂好之後，再以最低廉的價格販售。於是1964年出現的《數學講義》（Lecture Notes in Mathematics）系列，成為對全球數學界最有價值的服務，而且由於艾克曼及另一位同事持續督導及關注，現在該系列已經出版了一千八百多冊。

　　艾克曼從未逃避行政責任，他相信除了研究工作之外，教授也有義務在學校的行政事務上貢獻部分心力。他一直是這方面的典範，尤其值得注意的是，艾克曼在蘇黎世聯邦理工學院1964年成立的數學研究機構（Forschungsinstitut für Mathematik）擔任主任二十年，現在許多地方都有這類機構，如巴塞隆納及俄亥俄州哥倫布市。艾克曼也協助以色列成立許多同性質的機構，如海法的工程技術學院（Technion）、耶路撒冷的希伯來大學、台拉維夫的巴伊蘭大學（Bar Ilan University），以及俾什巴（Beersheva）[註3] 的班固然大學（Ben Gurion University）。

　　仔細回想長達七十年的數學生涯，艾克曼不得不承認自己所處的這門學科已經有許多變化。這種經常變動的狀態不僅是必要的，也是發展新方法與創新觀念的機會。

　　無論何時，只要艾克曼開始探索新構想，就好像展開了一段新探險。樂觀與失望交替出現，直到最後達成突破為止。艾克曼以懷念的語氣說，這種降臨在科學家身上的感覺是難以言喻的，只有那些有幸體驗過的人才知道箇中滋味。

註　　釋

1 譯按：奧地利裔美籍物理學家，因為在核裂變研究方面的貢獻，獲頒1945年諾貝爾物理學獎。

2 譯按：德國數學家及物理學家，第一個把規範對稱性運用在

物理學上的科學家，著有《典型群，其不變式及其表示》及《代數數論》。

3 譯按：以色列南部城市。

第五章

具體與抽象

有趣的數學故事：

◎利用扭結理論，你可以算出領帶有幾種不同打法嗎？

◎怎樣綁鞋帶最省力？

◎愛國者飛彈發生了什麼致命錯誤，以致無法攔截飛毛腿飛彈？

◎俄羅斯方塊不僅是迷人的電腦遊戲，也是著名的數學問題。

◎著名數學家費馬的猜想，竟然是錯的！

◎數學家索姆提出的「突變」理論，被各行各業引用後，竟變成
　一場災難！

◎對稱或不對稱，哪一種才是理想的狀態？

22
魔術師的「結」

摘要 科學家對扭結理論也很有興趣。兩位劍橋的物理學家研究優雅男士在領帶上需要花費的工夫，發現可以用超過八十五種方式做這件事。

西元前333年，亞歷山大大帝（Alexander the Great, 356BC-323BC）劈開戈爾迪烏姆結（Gordian knot）[註1] 的時候，一定不了解這項惡劣行徑的數學意涵。同樣地，童子軍、登山者、漁夫或水手在打結時，也不會關心過程中牽涉到的高等數學知識。只有科學家才會因為錯誤而注意到「結」這個東西，下面就是事情發生的經過。

蘇格蘭科學家凱爾文勳爵（Lord Kelvin, 1824-1907）[註2] 相信，原子是由微小的管子組成，這些管子會相互交纏，然後在乙太[註3] 中高速移動。大眾接受了凱爾文勳爵的理論二十年之後，這項理論才被證明是錯的，但這個錯誤的信念卻讓蘇格蘭物理學家彼得・泰特（Peter Tait, 1831-1901）興起將所有的結做分類的念頭（數學中的結與日常生活的結不同，它們的兩端是連接在一起的；換言之，扭結理論（knot theory）中的結全部是封閉的迴圈）。

一種簡單的分類方式是，利用兩條繩子交叉的數目，來作為結的分類標準。然而，這種分類法沒有考慮到一種可能性，亦即兩個看似不同的結其實可能是相同的結，也就是透

過繩子的挖、扯、拉、拔（但不剪斷或解開），可以把其中一個結變成另一個結。因此，如果一個結可以「變形」爲另一個，這兩個結就是相同的。泰特很直覺地發現了這個概念，嘗試在他的分類法中只考慮眞正不同的結，而這些無法再被拆解爲其他元素的結稱爲質結（prime knot）。

1974年，紐約律師肯尼斯・柏克（Kenneth Perko）發現泰特的分類法的錯誤。他在客廳的地板上進行研究工作，最後終於把一個有十個交叉的結，變成另一個被泰特列爲不同類別的結。

現在我們了解的是：有三個交叉的結只有一種；有四個交叉的結也只有一種；有五個交叉的結有兩種；有不到十個交叉的結則共有兩百四十九種。超過這個範圍之後，每類結的數目會迅速增加，有一個至十六個交叉的結的總共有一百七十萬一千九百三十五種不同類型。

數學的扭結理論核心一直關乎一個問題：兩個結到底是不同的，還是其中之一可以不經剪、接而變形爲另一個結。這種變形必須透過德國數學家寇特・瑞德麥斯特（Kurt Rei-demeister, 1893-1971）所發現的三種基本動作[註4]來呈現。另一個相關問題是，看起來像是結的一團繩子，實際上是否可以是一個「非結」（unknot），因爲我們可以利用瑞德麥斯特的基本動作來解開它。懂得利用這種「非結」的效果，以看似神奇的手法來解開亂七八糟的結，讓觀衆驚嘆，早就是魔術師的慣用伎倆。

後來的數學家開始忙著尋找能夠清楚明確地歸類的不同扭結的特性，稱爲「不變量」（invariant）。普林斯頓高等研究院的詹姆斯·亞歷山大（James Alexander, 1888-1971）發現，多項式很適合用來分類各種結：如果多項式不同，相對應的結就不同。很不幸的是，不久這個論點的反向說法就被證實不成立，因爲：不同的結可能會有相同的多項式。其他數學家發展出不同的分類系統，另一些人則尋找如何將同一個結從一個型式轉變爲另一個型式的可能方式。

這個問題眞的與童子軍、登山者、漁夫或水手以外的人有關係嗎？在數學的次學科中，扭結理論是理論發展優先於應用考量的例子之一。一段時間後，扭結理論的實際應用逐漸浮現，結也在日常生活中找到用處。化學家及分子生物學家對結特別感興趣。舉例來說，有些人研究長條形DNA分子如何纏繞才能塞進細胞核裡，如果我們放大典型的細胞至足球大小，DNA雙螺旋鏈的長度約有兩百公里。眾所皆知，長條繩索老是動不動就扭曲纏繞在一起，而科學家感興趣的是DNA鏈是哪一種結，之後又如何解開。

對這個議題感興趣的當然還包括理論物理學家，19世紀末時，量子力學顯得無法與萬有引力相容。到了1970年代與1980年代間，量子物理學家提出弦論（string theory），作爲這個難題的解答。弦論的論點是，基本粒子是塞在高維空間裡的微小曲線（所以凱爾文勳爵的錯誤猜想不一定完全錯誤），而在這種情況下，這些曲線很明顯地會相互交纏，讓

扭結理論又有了另一個應用空間。

此外還有一群人，其中包括科學家，對扭結理論也很感興趣，就是每天打領帶的男士。劍橋卡文迪西實驗室（Cavendish Laboratories）的兩位物理學家——湯瑪斯・芬克（Thomas Fink）和毛（Yong Mao），研究優雅男士在早晨上班前及傍晚赴宴前，在領帶上需要花費的工夫，發現可以用超過八十五種方式做這件事。但並非所有方式都能滿足傳統美觀標準，就像你知道的，即使看似公認的例行行為，執行時還是要考慮諸多因素。比如，對稱是優雅領帶結的絕對必要條件；然後，熟諳時尚的男士都知道，打領帶時只能移動較寬的那一端；最後，領帶活動端向右與向左移動的次數應該大致相等。因此，很遺憾地，想遵守上述規則的時尚紳士將無法利用全數八十五種可能的打領帶方式，這些不幸的靈魂只剩下十種領帶結法可以選擇。

註　　釋

1 譯按：戈爾迪烏姆是西元前4世紀時小亞細亞地區的一個國王，他用一根繩子把一輛牛車的車轅和車軛繫了起來，然後打了一個找不到結頭的死結，聲稱誰能打開這個難解的結，就可以稱王亞洲。到了西元前333年，亞歷山大大帝攻入小亞細亞，為了向部眾及敵手證明自己征服世界的使命必將達成，一刀砍開了戈爾迪烏姆城中宙斯神廟前牛車車桿上的戈

爾迪烏姆結。

2 譯按：英國物理學家，因創立熱力學及以精確辭彙陳述熱力
學第一定律和第二定律聞名。

3 譯按：19世紀後期，科學家相信整個宇宙充滿乙太，電磁波
可以在其中傳播。

4 譯按：

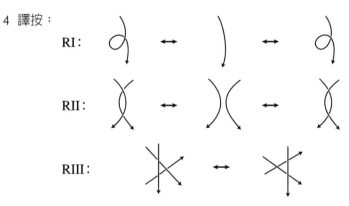

圖片取材自：謝春忠，「『結』──非結論」，中央研究院週
報，1079期，95年7月20日出版。

23
怎樣綁鞋帶
最省力？

摘要 假設每雙鞋的每個鞋帶孔都會影響鞋帶的張力，那麼波斯特證明，使用最短的鞋帶綁法是每隔一個鞋帶孔交叉一次鞋帶，而不是每次都交叉。

大約有一個世紀的時間，關於結的數學理論都在處理「把單位圓嵌進三度空間」這個問題，結的數學定義是「三維歐氏空間[註1]中的封閉、分段線性曲線」。數學上的扭結理論是拓樸學一支，專門研究理想化的弦，並假設它們非常、非常細。除了數學家感興趣，扭結理論甚至一度吸引了門外漢的注意，因爲線與繩子都是肉眼可見的實物。扭結理論所處理的三度空間也是它的有利點，如果有人將扭結理論放到四度空間的範圍內，所有的結（都是用一度空間的線打成的）立刻就會變成「非結」。

結的物理理論與數學剛好相反，處理的不是無窮細的抽象概念，而是眞實繩索，有一定的直徑或厚度。舉例來說，研究物理扭結理論的科學家感興趣的是，在眞實世界中可以打出哪些類型的結，或是打出某個特定的結需要多長的繩子。目前的想法是，打結所需的繩索長度可能是衡量其複雜度的方式之一。因爲像DNA之類的繩狀物體有固定大小，相

較於抽象的數學理論，物理扭結理論更能提供科學問題實際的答案。

面對眞實的結時，繩子的特性極端重要。在數學扭結理論中，所有可以透過拖、扭、拉而變成另一個結的結，都被歸類成相同的結。但在物理理論中不然，只有繩索的確實位置有關鍵重要性，任何偏離該繩索的配置方式，無論多小，都會出現一個新結。換言之，只要拉扯一個結就會產生一個新結，每個結的外觀都有無窮多種，這就是看來簡單的問題至今卻依然無解的困難所在。

以最簡單的三葉結（trefoil knot）[註2] 或單結爲例，直到最近都沒有人知道一條直徑一英寸、長度一英尺的繩索，是否可以打成一個三葉結（在扭結理論中，繩子的兩端必須相互連結，亦即繩子是一個封閉迴圈，因此三葉結會成爲一個三葉草結）。

經過簡單的思考就會發現，長度只比厚度長 π 倍（π 大約等於3.14）的繩子不足以打出任何的結，只夠把兩端連起來形成一個緊密的圓（長度在繩子的正中央測量），根本不會有剩下的長度來打一個眞正的結！因此，π 是結的最低下限。然而，知道這項事實仍無法回答多長的繩子才夠打一個三葉草結的問題（這正是建築工人被問到需要多長時間可以完工時的神氣說辭，他們的回答總是：「嗯，一條繩子有多長？」這個答案的眞正意義是：「誰知道？」）。

爲了可以進而解答這個問題，扭結理論家想出一個聰明

的主意。他們設計了一個描繪扭結的電腦模型，並假設斥力沿著繩索分布，因此繩索之間會相互排斥，使得結自動變形爲繩索距離最遠的型式。繩索若有多餘部分，很快就可以看見，然後以拉扯方式除去。數學家依據這種方式及類似動作，持續尋找打結所需的最短繩長。

1999年，四位科學家成功算出繩長的新下限。他們證實即使繩子的長度是直徑的七點八倍（即2.5乘以 π），仍然不夠打一個三葉草結。幾年後，另外三位研究者再度證明出，即使長度直徑比增加至十點七仍然不夠。直到2003年，任教於北卡羅萊納大學（University of North Carolina）的中國科學家Yuanan Diao才想出原始問題的解答，而這個解答是反面的：他證實即使長十二英寸、直徑一英寸的繩子，仍不足以打一個三葉草結。他還創造了一個公式，可以計算出打一個有不到一千八百五十個交叉的扭結所需的最短繩長。

後來這位中國科學家設法進一步提升三葉草結的條件。他指出，最少需要十四點五英寸的繩子才夠打一個特定的結；另一方面，電腦模擬顯示需要十六點三英寸。顯而易見地，真正的答案就落在兩個數字之間。

讓物理扭結理論家傷腦筋的另一個問題是，由於亞歷山大大帝無法解開傳說中神祕與複雜的戈爾迪烏姆結，只好用劍把它劈開。戈爾迪烏姆結到底是什麼樣子？長久以來，人們猜想這個結是趁著繩子還濕的時候打的，然後讓它在太陽底下曬乾，如此一來，打了結的繩子便縮短至最小長度。到

了2002年，波蘭物理學家彼得・皮朗斯基（Piotr Pieranski）
及洛桑大學生物學家安德烈・史塔西亞（Andrzej Stasiak）發
現了這種類型的結。藉由電腦模擬的協助，他們創造出一個
繩長過短且無法打開的結，並在提供給媒體的聲明稿中說：
「這個緊縮後繩圈的交纏方式，將無法用簡單的動作，使它
回復至原來的狀態。」

　　研究過電腦模擬的結果後，這兩位科學家又有了另一項
意外的發現，這可能造成深遠影響。他們定義了結的「繞數」
（winding number）：每次繩子的一股由左至右繞過另一股
時，繞數就加1；若繩子的一股由右至左繞過另一股時，則
繞數減1。讓他們大吃一驚的是，他們拿來計算的每個結，
平均繞數（從各個視角看到的數目平均）都是分數 $\frac{4}{7}$ 的倍
數，而至今還沒有人能對這個現象提出合理的解釋。記得前
面提過，「弦論」是把基本粒子形容為微小、可纏繞的曲
線，因此一些科學家懷疑，基本粒子的定量特性可能就存在
於這個「結量子」（knot quanta）的神祕特質中。

　　物理學的結在日常生活中的應用十分廣泛，如綁鞋帶。
澳洲蒙那許大學（Monash University）的數學家柏哈德・波斯
特（Burkard Polster）[註3] 決定，他要把這件日常瑣事當作精密
數學分析的對象。他所用的標準包括鞋帶長度、穩固程度，
以及結的緊密度。假設每雙鞋的每個鞋帶孔都會影響鞋帶的
張力，那麼波斯特證明，使用最短鞋帶的綁法是每隔一個鞋
帶孔交叉一次鞋帶，而不是每次都交叉（確實的交叉次數是

鞋帶孔為奇數或偶數的函數）。

　用這種方式綁鞋帶當然不會太穩固，如果腳背的張力是個重要因素，那麼傳統的鞋帶綁法一定是最好的方式：每次鞋帶穿進鞋帶孔都交叉一次。另一種作法是，也很傳統但可能較優雅的方式：先拿起鞋帶一端，再從最底下的鞋帶孔直接穿至對側最上端的鞋帶孔，然後再用鞋帶的另一端，以平行方式由下至上依序穿過兩側鞋帶孔。

　穿好鞋帶後，鞋帶兩頭如何打結比較好？多數人會打一個雙結，而圈圈只有裝飾功能。但事情不像你一開始想像的那麼直截了當，其實打結的方法有兩種，兩者的差異顯而易見。第一種是祖母結（granny knot），就是在鞋帶兩端的同向交叉兩次。每個男童軍及女童軍都知道這種結不牢靠，在遊樂場裡也可以看到證明，因為媽媽總是不時彎腰幫孩子綁鞋帶（難怪魔鬼沾這麼流行，但不幸的是，它剝奪了孩子最刺激的學習經驗之一）。另一種較緊密也較牢固的綁法是所謂方結（square knot）。這種結和祖母結很像，只有一點不同，就是在打結時先以一個方向交叉鞋帶，然後到第二個結時，把兩個圈圈以相反的方向交叉。

註　釋

1 譯按：歐幾里德空間（Euclidean space）一般簡稱為「歐氏空間」，是在數學中對歐幾里德所研究的二維和三維空間的一

般化，把歐幾里德對距離，以及相關的概念長度和角度，轉
換成任意維數的座標系。

2 譯按：三葉結圖示 。

3 譯按：主要研究有限及拓樸幾何學、組合數學、圖論等，著
有《鞋帶書》、《數學證明之美》等書。

24
失之毫釐，
差之千里

摘要 蝴蝶拍動翅膀所引起的小小空氣振動，可能導致地球另一端的颶風。僅因進位法換算錯誤，以致愛國者飛彈發射台的操控電腦無法成功攔截伊拉克發射的飛毛腿飛彈，造成了悲劇。

電子計算機是很精準的運算工具，從來不會出錯——至少我們都這麼認為。但事實上，電子計算機常常發生錯誤，只是我們沒有注意到罷了。舉例來說，拿出一個口袋型計算機（有「平方」及「平方根」按鍵那種），然後依下列指示操作：一、先按數字10；二、然後按「平方根」鍵；三、再按一次「平方」鍵。

正如我們所預期的，螢幕上出現答案「10」，因為10的平方根的平方當然還是10，到目前為止一切順利。現在再試試這個例子：一、先按數字10；二、然後按「平方根」鍵二十五次；三、再按「平方」鍵二十五次。依我們的預期，這次的結果應該還是10，但螢幕上顯現的卻是9.9923974之類的數字。幸而通常沒有人會在乎這麼微小的0.07%誤差，一般人可以忍受。現在重複前面的實驗，但分別按三十三次「平方根」與「平方」鍵，結果得到的卻是類似5.5732436

的數字，與真正的答案（當然是10）相去甚遠。

　　每一台計算機或多或少都會有這種情況，發生的原因是一個數字可以有無限多的小數位數。分數 $\frac{1}{3}$ 就是一個例子，以小數型式來表示，在小數點後面會跟著無限多個3。但很大的問題是，計算機只能儲存有限量的數字，電腦的一般規則是刪除小數點後十五位的數字，因此真正的數字與顯現或儲存的數字之間的差異非常微小。

　　一般來說，我們還可以忍受些許誤差，因為日常生活中小數點以下兩、三位的數字並不難應付。但儘管如此，有時近似值的誤差仍可能導致災難，例如1991年2月25日波灣戰爭時，位於沙烏地阿拉伯的美國愛國者飛彈發射台因為無法攔截一枚攻擊的伊拉克飛毛腿飛彈，使飛彈擊中美國部隊營房，造成二十八名士兵喪生。這樁悲劇事件的起因正是時間換算失誤，在把以十分之一秒的時間換算為電腦儲存用的二進位時準確度不足。更明確地說，經歷時間是先經過系統內部時鐘以十分之一秒為單位做測量後，再換算為二進位數字儲存，然後得出的結果必須乘上10，才能產生秒數，而這個計算流程是以二十四位元（bit）[註1] 處理。因為十分之一這個數值在二進位制中是無限小數，因此被截去二十四位數後的數字，導致微小誤差，這個截斷的誤差再乘以龐大的秒數，就造成了致命的後果。

　　1992年4月5日，德國大選日那天傍晚，什列斯威─好斯敦州（Schleswig-Holstein）的德國綠黨人士個個興高采烈，

因為距離綠黨進入州議會的5%門檻只剩毫髮之差。午夜過後不久，冷酷的現實敲醒了他們，選舉的最後結果公布了，綠黨沮喪地發現他們只得到4.97%的選票。計算選舉結果的程式之前僅列出到小數點下一位的數字，而計算結果在四捨五入後是5.0%。這套程式已經沿用了好幾年，沒有人想過在這個關鍵時刻應該關掉四捨五入的功能（如果不稱之為程式錯誤的話）。總之，那次綠黨未在議會中占有一席之地。

1996年6月4日，無人駕駛的火箭亞利安五號（Ariane 5）從法屬新幾內亞古魯（Courou）的小島發射升空，但四十秒後就爆炸。火箭偏離了航道，必須由地面控制中心引爆，軟體的錯誤使得導向系統誤判了一個四捨五入的數字。

1982年，溫哥華股市引進一個新指數，並將起始值設在1000點。不到兩年時間，儘管股票的平均市值上漲了約10%，但這個指數幾乎降了一半。這個差異同樣是近似值導致的，這個系統計算指數時，股價加權指數在小數點後留下的位數太少。

然而，有一次在一個特別的情況下，近似值的誤差造就了重要的發現。1960年代某一天，麻省理工學院氣象學家愛德華·羅倫茲（Edward Lorenz, 1917- ）正忙著觀察電腦上的氣候模擬。過了一會兒，他覺得需要稍事休息，於是停止執行程式，先草草記下暫時的結果。喝完咖啡後，羅倫茲回到桌前，把剛剛記下來的結果重新輸入電腦，繼續執行模擬。但後來電腦上出現的氣象預測，卻與他依據先前模擬結

果所做的預測大不相同，讓他吃了一驚。

　　思考了一段時間後，羅倫茲才了解發生了什麼事。到咖啡店之前，他抄下在電腦螢幕上看到的數字，而那些數字都是三位小數，但電腦中儲存的數字卻是八位小數。羅倫茲發現，他的電腦程式後來使用的數字是四捨五入後的數字，由於氣象模擬涉及幾項非線性的運算，這麼快就出現誤差並不令人意外。非線性符號（如平方或平方根）就是有這種惱人的性質，一下子就會把最細微的錯誤放大好幾倍[註2]。

　　羅倫茲的發現奠定了所謂混沌理論的基礎，現在混沌理論已經是眾所皆知的概念。這項理論後來衍生出聲名大噪的蝴蝶效應（butterfly effect）。基本上，蝴蝶效應是指蝴蝶翅膀的動作可能導致地球另一端的颶風。蝴蝶拍動翅膀引起的小小空氣振動，代表的只是小數點後第三十位數以下的數字變動；然而，氣象的非線性特性卻能將這個細微的空氣振動擴大百萬倍，逐步增強為颶風。

　　我們可以用比較樂觀的方式來看待這件事，因為另一隻蝴蝶同樣也可以拍拍美麗的翅膀，就此阻止一場颶風的發生。這種反向蝴蝶效應的數學模型，已經被應用於心臟病學。在精確時間做輕微的電擊，可以修正混亂的心跳，預防心臟病發作。

註　　釋

1　bit是binary digit的縮寫，只能儲存0或1的數字。

2　線性運算是指加、減、乘、除等數學運算。

25

不願面對
的真相

摘要 人們喜愛且不經大腦就從事危險活動，因為對大眾
而言，一個事件帶來的是利益或損失無關緊要，一
般民眾對這兩種情況總是抱持相同的態度。

「風險」是指我們每天不管走到哪裡都會遇到的狀況，
不過並非每個人都知道該如何適當地處理它的後續結果，並
了解箇中含意。只要看看在賭場中揮金如土的傢伙就會明
白，當他們走進賭場時，難道沒有注意到昂貴的裝潢嗎？難
道不知道那些華麗的裝潢成本來自他們的荷包嗎？為什麼有
那麼多屋主即使知道有地震的風險，仍不願為自己的不動產
保險？還有最讓人匪夷所思的是，為什麼許多人幫財產投保
了失竊險及搶劫險，卻還是願意冒著輸錢的風險，把錢花在
每個星期的樂透上？

人們喜愛且不經大腦就從事危險活動（如高空彈跳、滑
翔翼或賭博等）的原因之一是，這些驚險活動可以刺激腎上
腺素分泌。還有，人們進行這些活動之前，不會花太多時間
來分析風險。最後，人們寧可不考慮風險這項因素的部分原
因是，統計學家發現，要把他們的研究結果傳達給一般人了
解困難重重。這種情況的嚴重程度，促使英國皇家統計學會

（Royal Statistical Society）決定在他們的期刊《社會統計學》（Statistics in Society）中以專刊探討，主題是：如何告知大眾真正的風險程度？

　　事實上，計算風險活動的期望值很容易，只要按個鍵，就可以得到想要的數值，並做出正確的決策，我們只需要把可能的損失乘上意外事件發生的機率即可。但不幸的是，這兩個因素中常常有一個或兩個很難用數字表達。例如，行人被掉落的花盆砸到的機率是多少？在這個例子裡，財務的損失又是多少？或者，你認為孩子的生命應該值多少？

　　即使損失和機率都可以精確量化，多數人也不會注意。例如，賭輪盤遊戲中，所有因素都已知，仍然無法阻止忠實的賭徒下注。他們就是會忽略小球掉到「0」那一格的2.7%機率，認為輪盤遊戲全靠運氣，贏錢機會很高。賭徒忘記了，賭場中不是僅有裝潢是由賭客支付，連落入賭場主人口袋的大筆利潤都是靠這個小小的「0」賺來的。

　　對大眾而言，一個事件帶來的是利益或損失無關緊要，一般民眾對這兩種情況總是抱持相同的態度。例如，瑞士地震學家算出，瑞士平均十二年才會出現一次芮式規模六級以上的地震，不過沒有人能夠預測會在哪一年發生；事實上，瑞士每年實際的地震機率差不多是0.8%。

　　現在假設，一般家庭房屋包括內部物件的價值為50萬美元，把這個數值乘以機率0.8%，那麼若每年的保費為4000美元，是否適當？當然不適當，因為就算發生超級大地震，

你的房子也不一定會全毀。接下來因應而生的問題就是，這個世紀大地震會摧毀十分之一還是一百分之一的房子？假設是後者，每年40美元才算是適當且公平的保險費。

悲觀的人擔心下一個地震已經遲到，因為前一次的地震發生於1855年；而樂觀的人則認為明年什麼事也不會發生，因為從有記憶以來就沒發生過什麼事。但這兩種想法都是錯的，這些人可以和其他怪人歸為一類，包括那些因為小球已經落入黑格八次，而堅信下一次一定會落在紅格裡的輪盤賭客。

相較於私人生活，有更多更重要且影響深遠的公眾事務決策需要決定。在個人日常生活裡，我們只需決定要不要買保險就好；但很不幸的是，即使是政治人物也不太注意統計的成本效益分析。核能電廠輻射外洩的預期風險，真的比建造、維修煤礦或水壩所造成的死傷機率高嗎？當雷根總統（President Reagan）決定投資900萬美元進行退伍軍人症（Legionnaire's disease）[註1]的研究，而反對投入100萬美元從事愛滋病病毒的醫學研究時，他的決策是否可能受到對同性戀者的歧視影響？

事實的真相是，政治人物就像一般人一樣，會受到輿論左右。出動海岸巡邏隊，以大量直升機和救生艇進行漁船搜索及救援行動時，所能獲得的選票遠比把危險的公路彎道改直更多。在瑞士也是一樣，隨時準備了龐大的搜救設備，以便援救落入冰河裂縫的少數登山者，與此同時，都市裡每年

都可能有無數行人因為過馬路而喪命，而這不過是因為沒有預算蓋天橋。但從政治正確來說，我們實在不應該問太多關於成本與效益的辛辣問題，畢竟阿爾卑斯山是瑞士的國寶，必須確保人們能安全前往，所以花再多成本也沒關係。統計學家能做的事，就是提供政治人物和經理人必要的資訊，而做出正確決策就是後兩者的事了。

註　　釋

1　譯註：1976年在費城召開美國退伍軍人大會時，因空調系統散布病菌引發肺炎而得名的病症。

26 俄羅斯方塊的數學祕密

摘要 有超過百萬人把他們的寶貴時間花費在電腦遊戲中的俄羅斯方塊上，但俄羅斯方塊不只是迷人的電腦遊戲，也是著名的NP問題之一，需要大量的電腦運算時間才能得出解答。

十五年來，有超過百萬人把他們的寶貴時間花費在電腦遊戲中的俄羅斯方塊上。玩遊戲的人必須把螢幕上方落下的各式磚塊安置在下方版面上，而遊戲的最終目標是透過磚塊的左右移動及旋轉，把版面鋪滿，盡量不要留下空格，直到磚塊鋪到螢幕最頂端為止。

然而，一群麻省理工學院的電腦科學家發現，俄羅斯方塊不只是迷人的電腦遊戲。2002年10月，艾瑞克・迪曼（Eric Demaine）、蘇珊・霍恩伯格（Susan Hohenberger）及大衛・里賓—諾威（David Liben-Nowell）證明了，俄羅斯方塊屬於一類著名的問題，需要大量電腦運算時間才能得出解答。這類問題中最著名的是「旅行推銷員問題」：「有個推銷員希望以最短的路徑造訪幾個城市，而且每個城市都只到訪一次。」這個問題可以利用電腦來解答，但所需的運算時間，將隨著城市數目的增加而呈指數增加。因此，這個問題

被歸類為所謂NP問題。NP問題與P問題不同，P問題所需的電腦時間遞增速率較慢。如果解一個問題所需的時間與多項式成正比，就稱為P問題（多項式的英文第一個字母是P）。

理論上，NP問題也可以在多項式所用的時間內解出，但需要所謂非確定性機器〔nondeterministic machine，NP一詞來自非確定性多項式（nondeterministic polynomial）的縮寫〕來協助達成。而這種機器並不存在〔例如量子電腦（quantum computer）〕，也可能永遠不會出現。因此，電腦科學家仍在尋找能在多項式級的時間內解出NP問題的演算法，我們只能猜想這種演算法是否可能已經存在，只是尚未被發現。或者美國中情局（CIA）、英國軍情五處（MI5），或以色列莫薩德情報局（Mossad）早就用它來破解密碼，只是不肯洩漏機密？

不過還是有一些讓人欣慰的事，就是研究NP問題時，至少可以在多項式級的時間內驗證可能的解答。舉例來說，**尋找**829,348,951的質因數就屬於NP問題，但**驗證**7919為其質因數之一則屬於P問題。你必須做的是，把比較大的數字除以比較小的數字，然後驗證它們可以整除，這點在多項式級的時間內可以做到。

1971年，上述問題的解答首次有了理論上的進展，多倫多大學電腦科學家史蒂芬・庫克（Stephen Cook）證明，所有NP問題在數學上都是相等的。這表示只要有一個NP問題可以在多項式級的時間內解出，那麼所有NP問題都可以在多

項式級的時間內解出。箇中隱含的意義是，所有NP問題都屬於P問題。電腦科學家以一個簡單的式子來表達這種關係：P＝NP，而該等式是否成立尚未有解答。許多科學家已經著手處理這個問題，克雷基金會也提供了100萬美元獎金給正確解答出這個問題的人。

今日的電腦科學家距解出P問題 vs. NP問題還有一大段距離，同時他們也得分出一些精力來解決其他問題，如俄羅斯方塊。麻省理工學院研究人員的發現是：俄羅斯方塊是一個NP問題。他們將俄羅斯方塊簡化為所謂三分問題（three-partition problem），來證明這是一個NP問題；1979年後，兩者的關聯已廣為人知。

在三分問題中，必須將一組數字分為三群，讓每群的總和都相等。迪曼、霍恩伯格及里賓諾威的證明，是由一個非常複雜的俄羅斯方塊狀態著手，先證明從這個狀態開始，填滿遊戲版面就等於是解出三分問題。因此，俄羅斯方塊也名列NP問題的長串清單之中，其他遊戲還包括微軟視窗作業系統（Microsoft Windows）中的小遊戲「踩地雷」。2000年，英國伯明罕大學（University of Birmingham）的理查・凱伊（Richard Kaye）證明，踩地雷屬於NP問題。

然而，這並不能讓我們更接近最基本的問題。只有找出踩地雷遊戲中偵測出地雷，或者在多項式級的時間內填滿俄羅斯方塊版面的演算法，才能得到100萬美元獎金。現在，這個問題依然存在：P＝NP？

27
群、魔群
與小魔群

摘要 有限群的分類是20世紀最重要的數學成就之一，其重要性可媲美解碼DNA或提出動物分類法，而之所以能完成這項重大任務，需要結合全球數十位科學家的努力。

代數的「群」是由元素（如整數：-3、-2、-1、0、1、2、3……），以及一個運算符號組成，這個運算符號（如「$+$」號）能夠結合兩個元素。

元素要組成群的必要條件包括下列四項：

一、兩個元素結合之後也必須屬於這個群。

二、兩個連續的運算順序不影響結果。

三、群中必須有一個零元素。

四、每個元素都有反元素。

因此，整數可以「在加法下」組成群；偶數也是，因為兩個偶數相加之後還是偶數，4的反元素是-4。在這兩個例子裡，0是零元素，因為任何數字加上0之後都不會改變；但奇數無法組成加法的群，因為兩個奇數的和不是奇數。

整數與偶數是含有無限多元素的群，但也有由有限數量的元素組成的比較小的群。「鐘面群」（clock face group）就是一個例子，這個群中包含了1至12的整數，如果我們選擇群中的數字9，然後加上8，則時鐘上將會顯示5（在本例中，12是零元素，因為其他數字加上12之後，還是會得到同樣的數字）。

有限群的分類是20世紀最重要的數學成就之一，其重要性可媲美解碼DNA或18世紀卡爾・馮・林奈（Carl von Linné, 1707-1778）提出動物分類法，而之所以能完成這項重大任務，需要結合全球數十位科學家的努力。

1982年，美國數學家丹・高倫斯坦（Dan Gorenstein）終於宣布已經成功地分類全部的有限群。高倫斯坦與全世界的理論家密切合作，曾經發表超過五百篇文章（加起來超過一萬五千頁），證明出共有十八科有限單群（finite simple group）及二十六種不同的群，難怪這個定理被暱稱為「巨大定理」（enormous theorem）。

回溯1960年代，大多數專家認為這項工作要到21世紀才能完成。不過有些新發現的罕見群，無法歸類至當時已發展的系統中，這些群被稱作「零散單群」（sporadic simple group）。這個名稱中「零散」一詞的由來，是因為它們罕見；至於「簡單」，則是……呃，這個詞與一般的簡單概念毫無關係。

約同一時期，蘇格蘭格拉斯哥大學（Glasgow University）

數學家約翰‧李奇（John Leech）正在研讀所謂高維晶格（high-dimensional lattice）。我們可以將數學中的晶格想像成鐵絲網，而圍在網球場四周的就是二維晶格；放置在遊樂場中的攀登鐵架則是三維晶格。三維晶格在結晶學中扮演重要的角色，例如能夠說明原子的實體排列。但李奇並未滿足於二維及三維空間，他找出了二十四維的晶格，後來以他的名字命名為李奇晶格（Leech lattice）。他開始研究這種晶格的性質。

　　幾何物體最重要的性質是「對稱性」。就像一個對稱的骰子，無論繞著哪個軸旋轉，看起來都不變；同樣地，李奇晶格也可以被旋轉、翻轉（儘管是在二十四維空間裡），且永遠維持類似的樣子。如果一個物體有一個以上的對稱性，就可以繞著一個軸旋轉，再繞著另一個軸旋轉，然後再繞著第一個軸反向旋轉，一直下去。正因該物體是對稱的，所以每次旋轉後看起來都一樣。接下來，我們可以「加上」旋轉，一個接著一個旋轉，而且不會改變這個物體所呈現的外形；然後，我們還可以反向旋轉，亦即繞著同一個軸，朝相反方向轉動。

　　我們知道，「對稱性」可以「加」，而且每個旋轉都有一個反向旋轉。這兩項性質剛好滿足群的定義要求（零元素是「不轉」旋轉），所以對稱物體的旋轉可以被視為一個群的元素，群的實際性質則視特定物體本身而定。

　　這是不同數學學科相遇的許多例子之一，在這個例子中

是幾何與代數，此外，數學家也可以用代數工具來處理對稱領域的幾何問題。李奇覺得晶格的對稱群是很重要的，但不久卻發現自己沒有必要分析群論技術，因此設法激起別人對這個問題的興趣，不過最終沒有成功。最後，他轉而向劍橋的年輕同行康威求助。

康威成長於利物浦，父親是個老師；後來康威在劍橋大學取得博士學位，並擔任教授純數的講師。但他很快就陷入重度憂鬱，幾近崩潰，無法發表任何研究成果。其實康威並不懷疑自己的能力，但如果一直無法發表文章，又如何向世界證明自己的能力？因此，李奇的晶格問題來得正是時候，剛好成為他的救星。

康威不是有錢人，為了貼補微薄的收入，這個憂鬱的數學家必須擔任學生的家教，因此所剩的研究時間不多，幾乎沒有時間陪伴家人。不過，李奇提供的機會是這位劍橋數學家期盼已久的踏腳石，他不會輕易放過。一天晚餐時，他還慎重地向妻子解釋說，接下來幾個星期他會忙於研究一個非常複雜的重要問題，所以每個星期三必須從下午六點工作到半夜，每個星期六則必須從中午做到半夜。但出乎康威意料的是，他只花了一個星期六，就發現能夠描述李奇晶格的群，正是一個尚未被發現的零散群。

結果，那個剛被發現的群就被稱為康威群（Conway group）。康威群擁有的元素數量驚人：8,315,553,613,086,720,000個，不多也不少。數學界對康

威的突破感到訝異，因爲它讓全世界對有限群分類的努力又向前邁進了一大步。對康威來說，更重要的是，藉由這個貢獻激發了自信心，改變他的數學生涯，更因此被選爲英國皇家學會會員，後來一直在數學研究的尖端。1986年，他接受了普林斯頓大學的教職。

　　講個題外話，康威群並不是最大的零散群，後面還有所謂魔群（monster group），1980年密西根大學的羅伯·格里斯（Robert Griess）發現了這個零散群。它有10^{54}個元素，數量比宇宙的粒子還多。魔群描述的是196,883維空間中晶格的對稱性。此外，還有所謂小魔群（baby monster），「僅」有4×10^{33}個元素，但仍比康威群稍大。事實上，即使是平時面對古怪問題仍不失冷靜的數學家，也會覺得零散單群非常怪異。

28
費馬的
錯誤猜想

摘要 從幾個數字中就得出所有費馬數都是質數的結論，未免太大膽，而且實際上，費馬猜想也是錯誤的，但對我們這些凡夫俗子有當頭棒喝的效果：原來著名數學家的猜想也會出錯。

當數學家鑽研純數領域的某個學門時，有時也會在完全意外的另一個學門中獲得報償，著名數學家皮耶·德·費馬（Pierre de Fermat, 1601-1665）關於數論的一些研究成果，就是最佳範例。雖然過了一百五十年，數學家高斯才找到費馬數論中的一個幾何運用：用直尺及圓規製造正多角形。費馬的聲名並不是來自眾所周知的「最後定理」，那項定理一直只是個猜想，直到1994年才被懷爾斯證實。

費馬成年後在法國土魯斯擔任地方行政官，直到退休。顯而易見的是，他的工作並不忙碌，因此這份閒散的職業才讓他有足夠時間，去追求自己的數學夢想。費馬與修道士馬林·梅森（Marin Mersenne, 1588-1648）[註1]通信，分享對數學的熱愛，相互討論數論方面的問題。梅森多把時間投注於 2^n+1 型式的數字上，因此費馬猜測，如果n是2的多次方，那麼這個數字一定是質數。從此能表達為 $2^{2^n}+1$ 的數

字，就稱作費馬數（Fermat number）。

費馬並未對自己的猜想提出證明（事實上，他的多數證明都遺失了，其中有些證明也可能不夠嚴謹，但他僅靠類比推論及天才般的直覺就能得到正確結果）。對於費馬數，他只知道第零個及之後的四個：3、5、17、257、65537。再下一個費馬數是 $2^{32}+1$，這個數字在他那個時代實在太大了，無法計算出來，因此未被檢驗出是否爲質數，但前五個費馬數的確只能被1及數字本身除盡。不過，從幾個數字中就得出所有費馬數都是質數的結論，未免太大膽，而且實際上，費馬猜想也是錯誤的，但對我們這些凡夫俗子有當頭棒喝的效果：原來著名數學家的猜想也會出錯。

一個世紀後，巴塞爾的數學家尤拉找到反證。1732年，他指出對應於 n=5 的費馬數（等於 4,294,967,297）是641和6,700,417的乘積，因此並非所有費馬數都是質數。好了，現在我們要問：哪些是，哪些又不是？

尋求解答的努力並未停歇，到了1970年，n=6 的費馬數也被證明是合成數（composite number）[註2]。現在全世界有許多自願者願意提供他們閒置的電腦時間，來測試費馬數是否爲質數。2003年10月，費馬數 $2^{2^{2,478,782}}+1$（這個數字大到如果要寫下來，需要一個長度爲數千光年的黑板）被宣告是合成數。

很不幸的是，被測試過的數字之間有很大的間隔；事實上，前兩百五十萬個費馬數中，迄今只有兩百一十七個被檢

驗過。而且與費馬的預期相反，除了前五個之外，其他沒有一個是質數。由於再也沒有找到是質數的費馬數，因此又引發一個剛好與費馬猜想相反的新猜想：除了前五個費馬數之外，其他所有費馬數都是合成數。新猜想就和舊猜想一樣，沒有被證明出來。沒有人知道費馬質數是否超過五個、是否有無限多個費馬合成數，或者除了前五個以外的費馬數都是合成數。

現在來看看幾何應用。

1796年，哥廷根大學的十九歲學生高斯，思索著只用直尺和圓規能畫出哪些正多角形。當然，歐幾里德已經畫出了正三角形、正方形與正五角形。但是過了兩千年後，人類在這方面並沒有更多進展，不知道可不可以畫出正十七角形。後來年輕的高斯證明出可以畫出所謂正十七角形，極為滿意。除此之外，高斯還證明出角數等於費馬質數或等於費馬質數乘積的正多角形，都可以靠直尺和圓規畫出來（說得更精確些，這個理論對角數兩倍或再兩倍的多角形也成立，因為角度一定可以用直尺和圓規等分為兩半）。

接下來，又證實了也可以畫出對應下一個費馬質數的兩百五十七角形。還有一個叫作約翰·葛斯塔夫·艾馬仕（Johann Gustav Hermes, 1846-1912）的人，花了十年時間寫出如何畫出正六萬五千五百三十七角形的說明，現珍藏於哥廷根大學圖書館的箱子裡。

高斯懷疑這個理論的反面也可能成立：可以用直尺和圓

規畫出來的正多角形的角數，一定是費馬數的乘積。這個猜想的確是正確的，但卻不是高斯證明出來的。這項榮耀落在法國數學家皮耶・羅蘭・萬澤爾（Pierre Laurent Wantzel, 1814-1848）身上，他在1837年提出證明。

　　高斯一生中有無數重要的數學發現，但他仍認為十七角形的製作是最重要的。基於對這項年輕時的發現的高度評價，他表達了想在墓碑上刻畫這個圖形的願望。石匠雖然知道整個故事，卻拒絕了這個要求，因為正十七角形太接近圓形。最後，高斯出生的城市伯倫瑞克（Brunswick）豎立了一個紀念碑，上面的石柱便是以十七角星裝飾。

註　釋

1　譯註：主要研究領域為質數，一直希望找出質數的公式。

2　譯註：指不是質數的正整數，可以被1與本身之外的其他正整數除盡。

29 突變理論大濫用

摘要 當社會科學家與其他「軟性」科學的代表人，開始對索姆的突變這個新理論感興趣時，事情就變得無可救藥。突變理論的尊嚴就此蕩然無存。突然間，人們在每個角落都覺得發現了索姆的突變。

　　每年自然災害造成的損失高達數十億美元，如果有個數學理論可以協助解釋、預測、甚至避免這些重大事件，一定可以大大減緩我們的恐懼，降低損害。事實上，三十年前就已經發展出這種理論，只是很不幸地，它辜負了人們對它的期待。1970、1980年代，所謂「突變理論」（catastrophe theory）經歷了短暫的一生，迅速地崛起、出名，然後銷聲匿跡。雖然如此，這個理論仍然值得我們認眞看待。突變理論不僅能解釋傳統的自然災難，也可說明即使基本參數緩慢改變，自然界中又會如何產生突發的變化。

　　事實上，日常生活中就可以觀察到與突變理論相關的現象。以廚房中正用瓦斯爐加熱的茶壺爲例，水中的氣泡會逐漸增多，然後突然（剛好在攝氏一百度時發生了完全不同的事）開始沸騰，水變成水蒸汽，亦即水開始蒸發的一種（物理學上）狀態轉變。

　　突變理論另一個應用領域是結構的穩定性，例如當橋樑承受的重量愈重，變形的程度就愈嚴重。這種變化通常難以察覺，但到了一個時點之後，災難就發生了——橋樑坍塌。決定這些和其他災難的變數非常少，多數情況下，這些所謂控制變數的變動並不會造成可見的反應。但只要其中一項變動稍微超過了關鍵點，災難就會發生，這就是所謂壓垮駱駝的最後一根稻草。

　　突變理論是法國科學家雷尼·索姆（René Thom）提出的，他逝於2002年10月25日。1923年，索姆出生於法國東部的蒙貝利亞爾（Montbéliard），二次大戰爆發後，先與哥哥同住在瑞士，幾年後回到法國。他在1943年至1946年間就讀巴黎的高等師範學校（Ecole Normale Supérieure），那是專收頂尖學生的精英學校。當時索姆還不是數學家，考了兩次入學考才進入該校。但不久索姆就寫出傑出的博士論文，因此在1958年獲得數學家的最高榮譽菲爾茲獎。

　　幾年後，索姆成功證明了令人驚訝的定理。他嘗試分類「不連續性」（discontinuity），並且發現不連續性中的間斷（break）可以區分為超過七類。這項驚人發現顯示，所有自然現象都可以被簡化為少數幾種情境。

　　索姆將不連續性稱為「突變」。如同所有公關專家都知道的，名字代表一切。自此之後，突變理論變得膾炙人口，但很不幸的是，索姆的理論有時落入錯誤的人手裡。他探討這項問題的主要著作（雖然一般人可能看不懂）成了暢銷

書,但很多人買來只是為了放在書架上,其實一個字都沒有讀。

其他學科的數學家也注意到了索姆的研究;坦白說,索姆自己也覺得他的研究成果應該被運用在物理以外的學科。但當社會科學家與其他「軟性」科學的代表人(他們通常不做定量研究)開始對索姆的新理論感興趣時,事情就變得無可救藥。

突變理論的尊嚴就此蕩然無存。突然間,人們在每個角落都覺得發現了索姆的突變。心理學家把躁鬱病人突然爆發的憤怒診斷為突變,語言學家在語音演變中找到突變,行為科學家在狗類的攻擊行為中看到突變,財務分析師在崩盤的股市中偵測出突變,社會學家將監獄暴動解讀為索姆的突變,歷史學家則認為革命應該歸於這類突變,運輸工程師相信交通阻塞也可以說是突變,甚至連薩爾瓦多·達利(Salvador Dali, 1904-1989)的一幅畫也受到突變理論的啟發。

剛開始數學家很高興看到他們的學科受到其他領域專家的矚目,但結果並不美好。專家(或自認為專家的人)相信他們可以準確預測這種不連續性的時間,以為有辦法發展出預言下次股市崩盤或內戰爆發的能力,那只是時間早晚的問題。事情的演變超乎預期。1978年,數學家赫克特·薩斯曼(Hector Sussmann)和拉斐爾·沙勒(Raphael Zahler)在哲學期刊《綜合》(Synthèse)發表了一篇毀滅性的批評,抨擊那些把突變理論運用到社會與生物現象的錯誤嘗試。他

們指出,數學理論只有權存在於物理及電機領域。

然後,有一天,突變理論消失了,在學術文獻中都找不到,就像它探討的突變一樣突然無影無蹤。這個理論要是不那麼受歡迎就好了,當初它真的應該遵守猶太密傳學派卡巴拉(Kabbalah)的教誨。卡巴拉是一個神祕的學派,其教義只傳給性格成熟的男性,所以過度熱心的門外漢根本沒法胡作非為。這種作法一定有益於突變理論吧!

30
一點都不簡單
的簡單方程式

摘要 探討這種問題的數學分支稱為數論，這門學科有一個惱人的特性：看起來很簡單！第一眼看過去，問題的敘述似乎相當容易，但只有深入鑽研之後，才會發現它可怕的難度。

多數幼稚園兒童都能應付整數，而分數就顯得比較困難些了，這些可愛的小朋友進小學後才能學會處理分數。但無理數是另一回事，因為處理不能表達為兩個整數比值的數字，才是真正困難的開始。

正好相反的敘述可以適用於等式，找到問題的無理數解相當容易，麻煩的是要求解答必須為整數的問題。探討這種問題的數學分支稱為數論，這門學科有一個惱人的特性：看起來很簡單！第一眼看過去，問題的敘述似乎相當容易，但只有深入鑽研之後，才會發現它可怕的難度。

約一千八百年前住在亞歷山卓（Alexandria）的希臘數學家丟番圖（Diophantus, 246-330），被譽為代數之父，據說他建立了數論。為了表彰他的貢獻，方程式中的未知數為整數者，就稱為丟番圖方程式。

丟番圖的主要著作名為《數學》（Arithmetika），內容包

括約一百三十個問題及解答；但很不幸的是，這本書在391年亞歷山卓小圖書館的火災中毀損。多年後，到了15世紀時，找到原書十三冊中的六冊（1968年時發現另外四冊，不過是不完整的阿拉伯文譯本）。之後數年，人們都忙著拼湊這位古希臘數學家的手稿，到了17世紀才有人終於能夠處理這些材料，這個人就是費馬，一位閒暇時喜歡玩數學的法國行政官員。今日費馬以他無人不知的「最後定理」聞名於世（參見第二十八篇）。

至今仍有一個源自丟番圖的問題無人可解：哪些數字可以表示為兩個整數或分數的三次方和？我們知道，7和13絕對是這個問題的兩個解，因為$7=2^3+(-1)^3$，而$13=(\frac{7}{3})^3+(\frac{2}{3})^3$。但5或35之類的數字又如何呢？要回答這個問題，必須熟悉現代數學中最複雜的方法。

現在數學家已找到了判斷一個數字能否被拆解的方法，但他們無法提供拆解的方式。判斷一個數字能否被分解為立方和，必須計算這個數字的L函數圖形。如果圖形與座標系統X軸上x=1的點交叉或接觸，那麼該數字就可以拆解為立方和；如果在x=1時的函數值不為0，這個數字就無法分解。35就滿足這項條件：它的L函數在x=1時剛好等於0。沒錯，35的確可以分解為3^3+2^3。另一方面，5的L函數圖形既未接觸、也未與X軸相交，證明了5不能分解為立方和。

2003年，波昂馬克斯‧普朗克數學研究所（Max Planck Institute for Mathematics）主任唐‧查吉爾（Don Zagier）在

維也納舉行了兩場關於丟番圖立方分解的公開演講。查吉爾是世界頂尖數學家，主要研究領域是數論，年幼時就被視為神童。1951年，查吉爾出生於海德堡，在美國長大，十三歲唸完高中，十六歲就拿到麻省理工學院物理與數學學士學位，十九歲獲得牛津大學博士學位。二十三歲之前，他已經取得了馬克斯‧普朗克數學研究所任教資格，二十四歲時成為全德國最年輕的教授。他的天分並不限於數學，還包括其他專長，例如他會說九種語言。

查吉爾在維也納哥德爾系列講座中的一場演講，被譽為「數論之珠」（Pearls of Number Theory）。另一場演講被安排在維也納博物館區一個獨特演講廳、名為「math.space」的開幕式中進行，該場地專供大眾化的數學演講之用。他希望維也納市民有機會接觸這個奧祕的課題，取代他們常去的歌劇院和咖啡館。

查吉爾是個古怪的小子，但當他開始向聽眾解釋自己鍾愛的理論時，他的表現卻讓搖滾巨星相形失色。他在兩台投影機間來回跳動，操著略帶美國口音的流利德語，用數學來吸引聽眾全部的注意力。即使嚴重的數學恐懼者也會忘記自己正在聆聽數學演說，所有人都能感受到查吉爾（有人認為他是波昂的超級大腦）在數學中得到的喜悅。看著他就如同欣賞藝術音樂會，很難相信像查吉爾這樣的數學家，常常得埋首於這門枯燥乏味的科學中。

31 不對稱的奇蹟之美

摘要 圍繞在黃金分割的迷思，很明顯也屬於幻想及神話的範疇。黃金分割只有在19世紀才被認為是理想的比例，當時浪漫主義者追溯它至備受仰慕的中古時代。

數千年來，對稱的符號、圖案及建築物一直吸引著男男女女。在史前時代，工匠就創造出對稱的首飾，這可能是來自人體與動物身體的靈感啟發。人類所創造的最古老對稱藝術品是在烏克蘭發現的一個手鐲，這個手鐲飾有複雜的圖案，年代可追溯至西元前11000年。古代建築也有大量對稱的案例，例如吉薩金字塔（Giza，西元前3000年）與巨石柱群（西元前2000年）的石頭排列方式。但對稱性並非藝術領域獨有，也不是只在建築物上才看得到。科學家聲稱他們也有對稱性，一旦科學家開始工作，通常是由數學來提供表達方式及探索自然現象的工具。

在初等幾何學中有三種廣泛的對稱性：

第一種是類似字母M或W的圖形，稱為鏡射對稱（reflection symmetry）：左右兩半各是另一半的鏡像，切割兩半的線（也就是穿過正中央的垂直線）稱為對稱軸。

第二種是像字母S或Z的形狀，稱為旋轉對稱（rotational

symmetry)：繞著某一點旋轉一百八十度後，會與原先的形狀重合，該點稱為旋轉對稱軸的中心。

第三種是無窮的形狀或符號，如 KKKKKKKKK 或 QQQQQQQQQ，稱為平移對稱（translation symmetry），因為它的型態經過左右移動（平移）後，仍會與本身一致。

其他還有許多更複雜的對稱性，而且不同的對稱性可以相互結合。例如，壁紙的花樣可以同時有鏡射、旋轉與平移三種對稱性。

2003年夏天，一場名為「對稱嘉年華」的會議在布達佩斯召開，來自各地的科學家及藝術家齊聚一堂，進行跨領域的研討。他們詳細察看對稱的範例，包括蠟染織物、印度雕塑中的塔拉馬那比例系統（Talamana system of proportion）[註1]，以及其他諸如此類的藝術、埃舍爾的畫作等。這也是一次機會，可以一勞永逸地解開為何對稱性深受我們喜愛的謎團。例如，五角星形向來被視為畢達哥拉斯學派的祕密標誌，但事實並非如此。把五角星與畢達哥拉斯學派扯在一起的唯一源頭，始自畢達哥拉斯死後七百年的2世紀時。較可靠的來源指出，五角星是所羅門王的封印，之後再演變為六角的大衛之星，現在裝飾在以色列的國旗上。圍繞在黃金分割〔或稱神聖比例（divine proportion）〕[註2] 的迷思，很明顯也屬於幻想及神話的範疇。黃金分割只有在19世紀才被認為是理想的比例，當時浪漫主義者追溯它至備受仰慕的中古時代。

對稱性是不是一種理想的狀態呢？多數與會人士都認為，

完全的對稱相當無趣。畫作、音樂或芭蕾舞就是必須打破其對稱性才會顯得有趣的藝術。佛家禪師也有段話說，只有刻意打破對稱性，才能顯現出真正的美。對科學來說也一樣，許多現象介於對稱與非對稱之間。知名法國物理學家、諾貝爾獎得主皮耶・居里（Pierre Curie, 1859-1906）曾說：「不對稱創造了奇蹟。」19世紀中葉，路易斯・巴斯德（Louis Pasteur, 1822-1895）發現許多化學物質有「手性」（chirality），意即這些物質有右旋及左旋兩種分子（各為彼此的鏡像），但卻不能相互代替，就像右手不適合戴左手手套一樣。

　　1960年代曾發生一個左右互換的悲慘例子：藥劑成分沙利竇邁（thalidomide）有兩種異構物都被用於一個名為Contergan的藥物中，一種是右旋分子，一種是左旋分子；其中一種型態是有效的抗嘔吐劑，另一種則會導致新生兒畸形。

　　依據一位與會者的說法，衝擊最大的對稱性突破發生在一百億至兩百億年前。一直處於平衡狀態的物質與反物質，其對稱性不知何故忽然受到干擾，結果就產生了所謂大霹靂（big bang）。

註　　釋

1　譯註：印度傳統圖畫與雕像中的測量和比例系統。

2　譯註：一條線段分成長短兩段，使得「全段：長段＝長段：短段」，這種分割方式就叫作黃金分割。

32
真正的
隨機亂數

摘要 產生隨機亂數時會有個問題，類似丟擲銅板、骰子、乒乓球及其他物體到半空中的方法很沒效率，但要如何在很短時間內產生大量亂數呢？

在足球場上，為了決定由哪隊開球，裁判通常會丟個銅板，看看是字還是人頭面朝上。在賭場的撲克牌桌上，由莊家擲骰子，待骰子靜止後，再查看最上面的點數。樂透開獎時，氣流吹起一堆有編號的乒乓球，這些球飄浮滾動，時間一到，機器吐出一顆球，然後記錄它的號碼。

我們可以說，這些例子最後的結果純粹由機率來決定，而人們永遠無法預測銅板朝上的是哪一面、骰子的點數，或是乒乓球上的號碼。

個性比較吹毛求疵的人大概會指出，骰子某一邊或銅板某一面較重，而些微的重量差異就可能扭曲結果。但是先不考慮這個微小瑕疵，上述物體的確能產生可接受的隨機數列，因此對銅板來說是0與1、對骰子而言是1至6、對樂透乒乓球則是1至45。

隨機亂數的重要性不僅存在於遊戲或運動中，這些數字在其他領域也是不可或缺的行業工具。以密碼學為例，隨機

亂數（實際上是隨機選出的質數）可以用來加密資料；在工程學或經濟學中，隨機亂數能夠用來模擬，除了用機率論來計算都市的運輸流量，也可以改用模擬來協助測試交通狀況。我們還可以寫一個電腦程式，當隨機選擇的數字介於16與32之間時綠燈亮、若選出的隨機亂數爲奇數時則卡車從左方駛來等，然後執行這項模擬程序數千次，並且由操作人員記錄其觀察，包括是否發生車禍、有沒有塞車。

　　因爲隨機亂數常讓人聯想到輪盤遊戲，因此這種方法也被稱爲蒙地卡羅模擬法（Monte Carlo simulation）。即使是最嚴謹的科學——數學，也能從蒙地卡羅模擬法中受益，例如形狀複雜物體的體積就可以用蒙地卡羅模擬法來決定。

　　然而，以上述方法產生隨機亂數時會有個問題，類似丟擲銅板、骰子、乒乓球及其他物體到半空中的方法很沒效率，最好是一秒鐘就可以產生一個數字。執行高品質的模擬可能需要數百萬、有時甚至是數十億的隨機亂數，這時用電腦來產生隨機亂數是十分合理的作法，畢竟電腦可以在幾分之一秒內產生大量數字。但還是有個意想不到的障礙，電腦的最大優勢之一是能夠不加思索地一再重複執行寫好的指令，但這也成爲產生隨機亂數時毀滅性的阻礙。從任一數字開始，電腦總是依據前一個數字來計算下一個數字，這表示電腦產生的隨機數列會出現規則，理論上我們應該可以預測出每個數字。用來產生「隨機」數字的公式可能非常複雜，形成的數列型態也可能很複雜，但終究有個型式在。電腦產

生的隨機亂數理所當然地被稱為類隨機數（pseudorandom number），即使它們可以通過嚴格的隨機性測試，仍然不是真正的隨機亂數。

電腦創造類隨機數的技巧是，必須使用一個隨機的起始值，這個數值稱為種子（seed）。一旦選出種子後，程式就以確定性但對使用者而言深奧難解的方式開始執行。它可能依下列順序計算：「取前一個數字的立方根，將結果除以163，然後取出小數點後第七、十二及二十個數字」，得到這個三位數的類隨機數後，就可以計算後續的類隨機數，並依此類推。當然，因為這個例子只用到三個數字，因此只能產生不到一千個類隨機數，但只要電腦遇到一個之前用過的三位數，之後的程式就會產生同樣的數列，不可避免地產生了循環。增加類隨機數的位數至十五、二十位數或更多，可以延後循環發生的時間，但即使最長的類隨機數，最後也會以循環結束。

無論類隨機數的大小如何，程式開始的訊號一定要由電腦外產生，否則流程會總是從同一個種子開始，然後每次都產生一模一樣的數列。許多事物都可以作為起始訊號，例如電腦操作人員敲下〔Enter〕鍵的時間，或是操作者移動電腦滑鼠時無法察覺到（故為隨機）的手部移動等。

無論整個流程多麼小心，所有由電腦產生的隨機數列最後都屬於「類隨機」類別。但是科學家仍然認為，他們得到的結果令人滿意，隨機亂數產生器的使用也沒有造成太多問

題。1992年，三位科學家發現，他們的模擬結果產生錯誤的預測，導致隨後的結論全盤皆錯，不禁大驚失色。後面還有更糟的，2003年，兩位德國科學家海克‧鮑克（Heiko Bauke）及史蒂芬‧莫頓斯（Stephan Mertens）證明，因為0在代數中的角色特殊，使得二元亂數產生器產生的0太多、1太少。

　　亂數專門機構發現了發展的機會，決定不僅是起始值，其他全部數字都要由電腦外部產生，之後再將形成的隨機亂數列放在網際網路上，讓有興趣的人隨意利用。這些隨機亂數的來源是自然現象，如電晶體的連續爆裂聲、放射性物質的衰變、熔岩燈（lava lamp）[註1]的漂動、空氣中的噪音，而這些都是完全、不可否認、無可置疑的隨機現象，可以用蓋格計數器（Geiger counter）[註2]、溫度計或擴音器加以衡量及記錄。於是貨真價實的隨機亂數誕生了，不再是「類隨機」版本。

註　釋

1　譯註：利用熱能原理製造光影效果的裝飾燈，燈中有類似岩漿的彩色黏稠液體一團團緩慢地向上漂浮。
2　譯註：一種輻射探測器。

33 確認質數
工程浩大

摘要 要證明一個數字是否為質數並不是簡單的工作,現有可證明數字是質數的演算法要不是非常耗時,就是只能證明一個正整數是質數的機率。

在保存數位訊息的密碼體系中,質數是極有價值的商品,例如信用卡卡號在網路上的加密。多數加密方法的基礎都是把兩個非常大的質數相乘,而破解加密訊息的關鍵就在於找出此一乘積的兩個因數是不可能的任務,因為要花費的時間實在太長了。即使最快的數值運算,電腦也需要幾天、幾星期或幾年,才能找到一個長達幾百位數字的質因數,所以若是用了正確的軟體,網路商務使用者就不必擔心他們的信用卡卡號會被竊取。只有那些實際擁有金鑰的人,也就是知道正確質因數的人,才能解開加密的訊息。

使用這種加密方法時,必須確定用來編密碼的數字真的是質數。如果不是,它還可以被分解為更小的數字時,最後乘積就不是只有單一解了(兩個非質數6和14相乘等於84,這個乘積可以被分為不同的組合,例如3和28或7和12)。在這種情況下,有些金鑰是正確的,有些則是錯誤的,為了避免混淆,使用之前,必須確認可能的金鑰皆為質數。

　　但要證明一個數字是否爲質數並不是簡單的工作，現有可證明數字是質數的演算法要不是非常耗時，就是只能證明一個正整數是質數的機率。相關人士莫不渴望能出現一種演算法，既迅速，又可以百分之百確定一個數字是否爲質數。

　　一個印度電腦科學三人小組就是在進行這項任務。印度理工學院坎普爾分校（Indian Institute of Technology in Kanpur）的馬寧德拉・阿格拉沃（Manindra Agarwal）和他的兩個學生尼拉吉・卡亞（Neeraj Kayal）、尼丁・薩森納（Nitin Saxena），利用並擴充費馬定理，即所謂的小定理（little theorem），而非比較有名的「最後」定理，來檢定數字是否爲質數。他們設計好方法後，電腦程式的分析顯示出驚人的結果：檢驗質數所需的時間不會隨著數字變大而呈指數增加，只是需要多項式級的執行時間。

　　這幾位科學家在網路上宣布研究成果後，不到幾天，全球新聞媒體都注意到這個消息。他們讚揚這項發現是重大的突破，但這實在有點誇大其詞。儘管三人在理論方面的確有些突破，但在數學領域，「只」（就像「只是」多項式級）這個字眼極具相對意味。這位印度教授和學生提出的演算法所需執行時間，的確是N的多項式，N表示該整數的位數。但它與N^{12}成正比，表示檢驗一個三十位數的質數（就密碼而言是相當小的金鑰），需要30^{12}個運算步驟。

　　想想迄今已知最大的一千個質數，每個數值的長度都超過四萬位數（目前世界紀錄中最大的質數有四百萬位數），

我們很快就可以了解，這個演算法的發現與實際運用基本上是兩回事。

然而，這項意外結果仍在相同領域人士間造成了轟動，三位科學家的確提出了美麗又創新的概念。坦白說，這項演算法在應用上仍然太費時，但它已經打破僵局，專家相信不久就能找出更有效率的計算方式。先撇開這點不談，至少大家不需要擔心信用卡卡號是否安全，因為他們發現的這個方法不能用於破解加密密碼。

第六章

跨學科集錦

有趣的數學故事:

◎如何用數學計算法官判案是否公正?

◎一塊錢值多少?

◎為什麼我們無法計算出圍牆的長度?

◎為什麼雪花總是六角形?

◎沙堡什麼時候會崩塌?

◎為什麼總是打不到蒼蠅?

◎交易時如果兩方都是老鳥,反而不容易成功。

◎可否模仿蜜蜂的行為,來設定網路伺服器的分配?

◎《聖經》中真有上帝傳達的密碼嗎?

34 法官判案是否公正？

摘要 美國最高法院九位法官做的判決，常引起各種法律
與政治的解讀，而研究顯示，司法審判嚴重受到政
治觀點影響，判決會因為法官的左派、右派、保守派或
自由派身分而異。

美國最高法院九位法官做的判決，常引起各種法律與政
治的解讀，而研究顯示，司法審判嚴重受到政治觀點影響，
判決會因為法官的左派、右派、保守派或自由派身分而異。
但紐約西奈山醫學院（Mount Sinai School of Medicine）數學
家勞倫斯·塞洛維奇（Lawrence Sirovich）表示，可以對判決
結果進行完全公平、客觀的數學分析。他在《國家科學院期
刊》（*Proceedings of the National Academy of Sciences*）發表
的文章中，總共檢驗了1994年至2002年間，威廉·藍奎斯
特（William Rehnquist）擔任最高法院院長任內近五百宗最高
法院的裁決。

原則上，你可以想像兩種不同的法庭，以及介於其間的
其他各種組合。極端的一種是，法官席上有一組無所不知的
法官（真的有這種法官），他們知道絕對的真相，因此可以
無異議地做出一致的判決；而這種法庭與完全受經濟、政治

考量左右的法官團相較，在數學上是相等的。假設他們受到的影響相同，表決時就會投出一致的票。在這兩種情況下，只要一個法官就夠了，因為其他八個同事只是多餘的複製品。

相較於這種有效率卻無趣的情景，另一種極端的情況是，每個法官都依照柏拉圖的理想，彼此完全獨立地做出判決。他們不會受到政治壓力、說客或同事的影響而改變立場，在這種法庭裡，每位法官都是無可取代的。

當然，也可能出現介於這兩種極端之間的情況。為了找出現實存在的情況是哪一種，塞洛維奇分析了法官判決中的「熵」（entropy）。熵這個名詞來自流體力學，最初是克勞德・尚農（Claude Shannon, 1916-2001）[註1]在1940年代提出的，可應用於訊息理論，代表系統中「亂度」的量。當分子被固定在晶格中時，例如冰塊，此時秩序值高而熵值低，在晶格中遇到一個分子也不必感到意外。另一方面，氣體中隨機運動的分子亂度高，因此有較多熵。

在訊息理論中，熵代表的是訊息中所包含的資訊量。將這個名詞用在法官判決上的含意是：如果所有法官都做出相同的判決，則秩序最大而熵最小；另一方面，如果法官做出獨立、隨機的判決，則熵很高。因此，熵可以用來測量判決中包含的資訊：若法官的判決一致，資訊量少時，只要得到單一法官的裁決就夠了，其他法官的意見皆屬多餘。

塞洛維奇以不同法官所做的判決之間的相關性，計算藍奎斯特任期內五百宗判決的資訊量，結果顯示判決與隨機分

配的差距極大。近半數判決是一致的，但這不一定是因為法官受到外力影響，也可能是許多案件從法律觀點來看相當直接明瞭。再補充一點，法官安東尼‧史格里亞（Antonin Scalia）與克萊倫斯‧湯瑪斯（Clarence Thomas）有超過93%的案子判決相同，只要其中一個做了判決，另一個就極可能做一樣的判決。大家也都知道，在許多案件中，法官約翰‧保羅‧史蒂文斯（John Paul Stevens）的判決總是與多數法官相反，沒有人會大驚小怪。

　　塞洛維奇的研究顯示，平均有4.68個法官的判決與其他法官獨立。換言之，他們扮演的正是「完美的」審判者；同時表示另外4.32個法官其實是多餘的，因為他們的判決通常會受其他法官影響。塞洛維奇指出，4.68是個令人鼓舞的數字，因為它證明了獨立審判的法官占多數，他們不會受特定觀點或其他法官影響而做出一致的判決。儘管有人可能覺得理想的獨立法官數目應該是九，但事實上，這是不正確的。九位獨立法官代表每次的判決都是隨機審判的結果，這只有在法官完全忽略眼前事實與法律論證時才可能出現。很明顯地，任命可以被隨機亂數製造機取代的法官，對公平正義或法律精神的維持並無益處。

　　然後，塞洛維奇轉向另一種不同的數學計算，現在他的問題是，要達到與最高法院九位法官相似度80%的裁決，需要幾位法官？九位法官出席的法庭每宗判決（是、否、是、是……）可視為九維空間中的一個點；但因為一些法官的判

決彼此相關，因此空間可再縮小。為了了解空間能縮小多少，塞洛維奇利用線性代數中的「奇異值分解法」（singular value decomposition）。這個方法已經成功地應用在各種不同學科中，如圖形辨認與大腦結構分析、混沌現象與紊流流動等。塞洛維奇的分析顯示，80%的判決可以用二維空間來表示，假定是如此，那麼要做出全部判決的五分之四（儘管是由九位法官的不同判決組成），只需要兩名虛擬法官就夠了。

註　　釋

1 譯註：美國數學家及工程師，訊息理論創始人。

35
選舉席位分配真能公平嗎？

摘要 依選舉人口分配國會席次好像很公平，但席次只可能是整數，所以一定會遇到四捨五入的問題，因而影響公平性或必須改變席次總數。

瑞士被公認為全世界最民主的國家之一，事實上，18世紀末，美國為十三州擬訂地方政府架構時，就是採用瑞士的州政府模式。瑞士有二十五個州，每一州都擁有對聯邦事務的發言權。各州人民每十年選一次他們的聯邦委員會代表，瑞士聯邦憲法第一四九條規定，聯邦委員會由兩百位代表組成，席位依各州人口分配。

你可能以為滿足這項條文的規定再簡單不過，事實卻非如此。憲法的明確指示往往無法達成，原因是每州都只能送出整數位代表到聯邦委員會。以蘇黎世州為例，依據最近一次的統計，該州人口為 1,247,906 人，占瑞士總人口的 17.12%。蘇黎世州可以分配到幾個聯邦委員會的席次？在兩百人組成的委員會中，這個州可以送三十四個還是三十五個代表到首都伯恩？一旦解決了這個區域代表的問題，這三十四個或三十五個席次又要如何分配給參與蘇黎世州選舉的各個政黨？

　　分配國會席次的一個簡單辦法是四捨五入，但這個方法仍不夠周延，因為四捨五入常常可能改變席次總數，違反憲法第一四九條的精神，所以必須尋找其他辦法。

　　處理這個比例問題的理論家表示，分配委員會席次的公平辦法必須符合兩項要求。第一，產生的席次數字一定要等於人口比例計算出來數字的四捨或五入，因此蘇黎世應該分配到的代表數是三十四以上或三十五以下，這就是所謂配額法則。第二，分配方法不能產生矛盾的結果。例如，選民數字增加的州分配到的席次不能減少，而且把減少的席次歸給選民數字減少的州，這項作法稱為「單調要求」（monotony requirement）。

　　這些條件乍看似乎很合理，但若實際上以數學方法進行研究或測試，會發現完全不是這麼回事。1980年，數學家米契・巴林斯基（Michel Balinsky）與政治科學家裴頓・楊（Peyton Young）證明了一個非常重大但令人失望的結果：理想的分配方法並不存在。因此，能滿足配額法則的方法就不能滿足單調要求，而能滿足單調要求的方法又違反配額法則。

　　那麼到底該怎麼辦呢？瑞士聯邦法第十七條規範了聯邦委員會席次如何分配給各州。首先，人口數字不足以分配到一個代表的州，可以得到一個席次；其他人口夠多的州，則算出其席次的整數及小數部分。接下來，先做初步分配，每州先無條件捨去小數部分席次。最後，在所謂剩餘分配中，剩下的席次再分配給捨去的小數最大者。這個方法看起來好

像還可以接受，即使對大黨稍微有利，但3.3捨去小數變成3的殺傷力，遠比28.3變成28嚴重得多。

就算這個方法看起來很有道理，卻會造成大麻煩。問題首先在美國浮現，美國在1880年代所用的分配方法與瑞士一樣。一個很有數字觀念的謹慎員工無意中發現，如果國會席次從兩百九十九人增加到三百人，阿拉巴馬州就會損失一位代表。這種不合理的情況稱爲阿拉巴馬悖論（Alabama paradox）。在表一的例子裡，代表人的數目從二十四增加到二十五時，A州離譜地損失了一個代表名額。

以瑞士而言，1963年後便不存在這個問題，因爲從那年開始，代表人數就固定爲兩百人，不會變動。至於美國國會議員的數目，則自1913年後就固定爲四百三十五人。

阿拉巴馬悖論不是唯一的潛在問題，另一個問題可能在某些情況下出現，也就是人口悖論的矛盾。人口增加的選舉區可能損失代表的人數，席次反而跑到其他人口減少的選舉區。在表二的例子中，C州的人口減少，A州的人口增加，但C州卻多得到A州減少的一席。在這項悖論及阿拉巴馬悖論中，癥結都在於席次的小數位數。瑞士仍然存在著人口悖論，儘管迄今尚未造成任何問題，但只要秉持「沒壞，就不必修」的精神，就只好先將這個問題暫時擱置了。瑞士目前採用的分配方式仍然是先無條件捨去小數部分，再依小數點後的數字由大至小分配剩餘的席次。

但問題仍未結束，即使聯邦委員會的兩百個席次都依比

表一　阿拉巴馬悖論

雖然聯邦委員會的規模擴大，A州卻反而損失一個席次

	A州	B州	C州	總計
委員會共有二十四個席次				
人口	390	700	2,700	3,790
占比	10.29%	18.47%	71.24%	
占比*席次	2.47	4.43	17.10	
初步分配	2	4	17	23
剩餘席次	0.47	0.43	0.10	
剩餘分配	1	0	0	
席次總數	3	4	17	24
委員會共有二十五個席次				
人口	390	700	2,700	3,790
占比	10.29%	18.47%	71.24%	
占比*席次	2.57	4.62	17.81	
初步分配	2	4	17	23
剩餘席次	0.57	0.62	0.81	
剩餘分配	0	1	1	
席次總數	2	5	18	25

例分配給各州，每州的席次還是要分配給各政黨，瑞士聯邦法第四十條及第四十一條規定了相關程序。比利時律師、稅務專家及根特大學（University of Gent）民權與稅法教授維克多・頓特（Victor d'Hondt, 1841-1901），對分配席次的關鍵提出建議。

頓特提出一個法則，確保每個席位後面有最大數量的選票。這項作法如下：

表二　人口悖論

C州人口減少，卻從人口成長的A州搶來一個席次

	A州	B州	C州	總計
國會共有一百個席次				
1990年人口普查	6,570	2,370	1,060	10,000
占比	65.7%	23.7%	10.6%	
國會席次分配	65	23	10	98
剩餘小數	0.7	0.7	0.6	
剩餘分配	1	1	0	2
席次總數	66	24	10	100
1990年人口普查	6,600	2,451	1,049	10,100
占比	65.35%	24.26%	10.39%	
國會席次分配	65	24	10	99
剩餘小數	0.35	0.26	0.39	
剩餘分配	0	0	1	1
席次總數	65	24	11	100

對每一個席次，先將投給各政黨的票數除以該政黨已經分配到的席位數加1，所得的商數最高者可以得到那個席位。持續進行這項流程，直到所有席次分配完畢（表三會讓這個聽起來很複雜的流程更清楚一點）。

　　瑞士很快就察覺又白忙了一場，頓特的計算方法就是百年前傑佛遜總統（President Thomas Jefferson）提出的方式，他就是用這個方法來分配美國眾議院的席位。從瑞士的考量來說，他們拒絕將名稱的所有權讓給比利時人或美國人，於是決定以巴塞爾數學及物理學教授艾德瓦·哈根巴赫—畢卓夫（Eduard Hagenbach-Bischoff）的名字來命名。

表三　傑佛遜—頓特—哈根巴赫—畢卓夫法（分配十個席次）

	政黨A	政黨B	政黨C
得票	6,570	2,370	1,060
1. 席位	6,570*	2,370	1,060
2. 席位	3,285*	2,370	1,060
3. 席位	2,190	2,370*	1,060
4. 席位	2,190*	1,185	1,060
5. 席位	1,642*	1,185	1,060
6. 席位	1,314*	1,185	1,060
7. 席位	1,095	1,185*	1,060
8. 席位	1,095*	790	1,060
9. 席位	938	790	1,060*
10. 席位	938*	790	530
總計	7	2	1

備註：每個政黨得票數除以已分配到的席位數加1，結果數值最高者（以*表示）可以得到那個席位，直到所有席次分配完畢。

雖然這個傑佛遜—頓特—哈根巴赫—畢卓夫法對大黨稍微有利，但不算是一個大缺陷。事實上，只有以累積方式應用時，小黨才會感覺不利，例如當議會再次以頓特的方法來分配各種不同委員會的席位時。套句邱吉爾（Winston Churchill）的話，你可以說傑佛遜—頓特—哈根巴赫—畢卓夫法是個最爛的席次分配方式——除了其他那些已經試過的方法之外。

36 一塊錢值多少？

摘要 1美元不一定總是為其所有者帶來相同的「效用」，因為一塊錢帶給乞丐的效用遠大於百萬富翁。

1713年，著名數學家尼可拉斯・伯努利提出下面這個遊戲問題：

- 擲一枚銅板。
- 如果人頭朝上，你可以得到2美元，遊戲結束；但如果是字朝上，再擲一次。
- 如果銅板出現人頭，你可以得到4美元，遊戲結束，依此類推；但只要字朝上，獎金就加倍。
- 擲過n次銅板後，如果出現人頭，那麼遊戲者就可以獲得2^n美元。

拋擲超過三十次之後，獎金會超過10億美元，真是一筆巨額獎項。現在問題來了，請問：賭客會付多少錢來買參加遊戲的權利？

多數人願意支付的價格介於5美元至20美元之間，但這是否合理？一方面，贏得4美元以上獎金的機率只有25%；

但另一方面，獎金也可能相當可觀，因為在人頭出現之前，先連續多次擲出字的機率雖然極小，但也不是零。因此，在這個例子中，可能贏得的巨額獎金彌補了成功機率微小的缺點。伯努利發現，獎金的期望值是無限大！（計算獎金期望值的方式是，以所有可能獲得的獎金乘上對應的出現機率，然後加總得出。）

矛盾就在這裡出現了，試想：如果獎金的期望值是無限大，那麼為什麼沒有人願意付10萬美元、1萬美元、甚至1000美元，來玩這個遊戲？

這種深奧行為的解釋牽涉到統計學、心理學和經濟學。另外兩位瑞士數學家加伯瑞·克萊姆（Gabriel Cramer, 1704-1752）及尼可拉斯的表弟丹尼爾·伯努利提出了解答。他們指出，1美元不一定總是為其所有者帶來相同的「效用」，因為一塊錢帶給乞丐的效用遠大於百萬富翁。對前者而言，擁有1美元的意義可能代表著今晚不必餓肚子睡覺；但後者根本不會注意到他的財產多了1美元。同樣地，出現第三十一次字朝上所賺到的第二個10億美元，效用也比不上前三十次擲出字所獲得的第一個10億美元，所以20億美元的效益並不是10億美元的兩倍。

解釋這項迷思的關鍵因素是，遊戲的**預期效用**（獎金的效用乘上其機率）遠低於**預期獎金**。自從丹尼爾·伯努利在《聖彼得堡皇家科學院評論》（*Commentaries of the Imperial Academy of Science of St. Petersburg*）中發表專文後，這個驚

人的理論就被稱爲聖彼得堡悖論（St. Petersburg paradox）。

　　約1940年時，紐澤西州普林斯頓高等研究院兩位來自歐洲的移民，開始研究效用函數的概念。一位是猶太人馮諾曼，他是20世紀最傑出的數學家之一，因納粹入侵而被迫離開祖國匈牙利；另一位則是經濟學家摩根斯坦，他因爲厭惡納粹而離開奧地利。

　　這兩位外來移民在普林斯頓共同研究，認爲他們的研究成果應該可以寫成一篇賽局理論的短文，但這篇論文卻持續擴大。最後，他們在1944年以《賽局理論與經濟行爲》（*Theory of Games and Economic Behavior*）爲標題出版這部著作時，內容已厚達六百頁，而這項創新成果對經濟學的進一步發展帶來深刻的影響。該書引用伯努利與克萊姆的效用函數作爲公理，來描述眾所周知的「經濟人」（economic man）[註1]行爲。然而，很快就有人注意到，在機率很低而金額很高時，受試者常常做出與公理牴觸的決策。兩位經濟學家仍不退卻，堅持他們的理論是正確的，因爲許多人表現出來的只是不理性的行爲。

　　即使有上述缺點，效用理論依然產生了深遠的影響。伯努利與克萊姆爲聖彼得堡悖論提出的解釋，成爲保險業的理論基礎。效用函數代表了多數人寧可保有98美元現金，也不願參加一個贏得70美元與130美元機率各半的樂透賭局，即使樂透的預期獎金是比較高的100美元，其間的2美元差異就是我們多數人願意爲消除不確定性所付出的保險金。至於

為什麼許多人購買保險來規避風險之餘，又花錢買樂透來面
對風險，則是另一個有待解釋的矛盾現象。

註　　釋

1 譯註：亞當・斯密提出的概念，指理性、自利的人，在一些
　限制條件下追求效用的最大化。

37
這篇文章
是誰寫的？

摘要 如果兩篇附加文章是同一位作者寫的，演算法需要的儲存空間較小；若是來自不同作者，則需要的空間較大。

　　我們在硬碟裡儲存的資料，其資料量增加的速度遠高於儲存設備容量的增加，因此我們需要能夠把磁碟資料塞得更密實的軟體，才能克服硬體的限制。但壓縮技術的發展，卻有了意料之外的應用。

　　要了解何謂資料壓縮，必須先了解熵這個概念，物理學中的熵是衡量系統裡（例如氣體）不規則程度的尺度。在電子通訊中，熵用來衡量訊息的資訊內容。舉例來說，一個由一千個重複的0所組成的訊息，只含有極少資訊內容及極低的熵，它可以被壓縮為簡短的公式：「1000乘以0」。另一方面，由1與0組成的隨機數列則有很高的熵，完全無法壓縮，儲存這個字串的唯一方式就是重複每一個字。

　　相對熵（relative entropy）代表在以一個數列的最佳壓縮方式來壓縮另一個數列時，有多少儲存空間被浪費掉了，最適用於英文的摩斯密碼（Morse code）就是一個例子。英文中最常出現的字母「e」分配到最短的密碼：一個點；而鮮

少出現的字母則被分配到較長的密碼,例如「q」的密碼是「－－.－」。對英文以外的語言來說,摩斯密碼就不是非常理想,因為密碼的長度與字母出現的頻率沒有相互對應。相對熵測量的是需要多少額外的圓點與橫線,才能以最適用於英文的密碼,來傳遞一篇義大利文文章(這裡只是以義大利文為例)。

大多數資料壓縮程序都是依據1970年代末期,以色列海法理工學院(Technion in Haifa)的兩位科學家所發展出來的演算法。電腦科學家亞伯拉罕・藍培爾(Abraham Lempel)及電子工程師雅各・立夫(Jacob Ziv)所發明的方法,源於一個檔案中常常重複出現相同的位元及位元組字串。字串首次出現時,會進入一個「字典」中,當同一個字串再度出現時,就會有一個指標指向字典中的合適位置,由於指標所占的空間較序列本身小,因此文章被壓縮了。不僅如此,準備一個列出所有字串的表格並不符合標準字典的編號規則,於是它會依待壓縮的檔案做調整。演算法能夠「學習」那些最常見的字串,然後依情況調整壓縮方式,當檔案體積愈大時,所需的儲存空間就會逐漸降低至內文的熵值。

電腦在科學上的運用總是讓人擁有無盡的想像空間,而壓縮演算法同樣可以應用在節省電腦檔案儲存空間以外的領域。義大利羅馬拉薩佩薩大學(University La Sapienza)的兩位數學家和一位物理學家——達瑞歐・貝內德托(Dario Benedetto)、艾曼紐・卡格里歐提(Emanuele Caglioti)、維

多里歐‧羅瑞特（Vittorio Loreto）——決定實際運用藍培爾—立夫演算法。他們的目的是確認一些文學作品的作者，素材是十一位義大利作家寫出的九十篇文章〔包括但丁（Dante, 1265-1321）和路伊吉‧皮藍德婁（Luigi Pirandello, 1867-1936）[註1]。先選出特定作者的文章，文末分別附上兩段長度相同的短文：一段來自同一作者，另一段則來自另一個作者。兩個檔案都放入壓縮程式裡，例如已經被大眾廣泛使用的WinZip，接下來科學家檢查兩者各需多大的儲存空間。他們預測這些複合文章的相對熵，可以作為辨認佚名文章作者的指標：如果兩篇附加文章是同一位作者寫的，演算法需要的儲存空間較小；若是來自不同作者，則需要的空間較大。後者的相對熵較高，因為演算法必須考慮兩個作者的不同風格與不同字彙，因此會使用較多空間來儲存檔案。複合文章壓縮後的檔案愈小，原文與附加文字愈可能是同一位作家的作品。

　　正當這三位科學家為他們找到的新發現雀躍不已時，卻沒有注意到，或是忘了在他們的參考文獻中曾提到，他們的方法並不像最初想像的那麼神奇。事實上，他們並不是第一個想到用數學方法來確認文學作品作者的人。哈佛語言學教授喬治‧齊夫（George Zipf, 1902-1950）1932年就研究過類似的單字頻率問題；而蘇格蘭人喬治‧于爾（George Yule, 1871-1951）也在1944年的論文〈文學語彙的統計研究〉（*The Statistical Study of Literary Vocabulary*）中說明，自己如

何確認出手稿《遵主聖範》（*De imitatione Christi*）的作者是 15 世紀住在荷蘭的著名神祕主義者坎皮斯的托瑪斯（Thomas à Kempis, 1380-1471）[註2]。必須一提的還有 18 世紀的《聯邦主義者文集》（*Federalist Papers*），直到 1964 年，美國統計學家費德瑞克・莫斯特勒（R. Frederick Mosteller）及大衛・華萊士（David L. Wallace）才確認了該書的作者是亞歷山大・漢米爾頓（Alexander Hamilton）、詹姆斯・麥迪遜（James Madison）和約翰・傑伊（John Jay）。

由於進展十分順利，貝內德托、卡格里歐提及羅瑞特決定再進行另一項實驗。他們分析了不同語言間的相似程度，屬於同一語系的兩種語言應該有較低的相對熵，因此用兩篇相同語系語言文字組合而成的複合文章，壓縮時會比兩種不同語系語言組成的文章有效率。這幾位科學家分析了五十二種不同的歐洲語言，再度獲得成功。他們利用壓縮程式，將每種語言歸到正確的語系。舉例來說，法文和義大利文的相對熵很低，因此屬於相同的語系；另一方面，瑞典文與克羅埃西亞文的相對熵較高，因此一定是來自不同的語系。WinZip 甚至可以確認馬爾地夫文、巴斯克文及匈牙利文是獨立的語言，不屬於任何已知的語系。

實驗的成功讓三位科學家樂觀地認為，利用壓縮軟體測量相對熵，或許也可以運用至其他資料串，如 DNA 序列或股市的變動。

坐而言不如起而行

　　前述方法激起了我做測試的念頭。我所使用的文字範本是我為瑞士大報《新蘇黎世報》撰寫的短篇新聞報導，十八篇文章中涵蓋了以色列發生的種種事件，共有一萬四千多個單字、十萬零五千個字母。刪除標題及副標題後，我將文章儲存為Ascii檔案（一種字元編碼），並用WinZip壓縮。

　　當我看了結果後，嚇了一大跳，這些我費時一個月嘔心瀝血寫出的原文，經過壓縮之後，縮小了整整三分之二。於是得到一個無可避免的結論，原文中只有33%含有重要資訊，而其餘三分之二只是單純的熵。換言之，有三分之二全是多餘的。

　　我試圖自我安慰，說服自己一定是高超的文字排列提供了有意義的資訊，而不是單字本身。為了證明這個攸關面子的理論，我依字母順序排列這一萬四千個單字，然後再壓縮一次。瞧！依字母排序的單字序列可以被壓縮掉超過80%，只提供了20%的資訊（這當然不令人意外，因為「以色列」或「以色列人」這些字出現超過兩百三十一次，而「巴勒斯坦人」和它衍生出的相關單字總共出現了一百九十五次）。

　　這表示用有意義的方式來排列單字（只有傑出的新聞記者才能勝任這個工作），會比字典多提供13%的資訊，雖然安慰效果不算太好，但好歹讓我鬆了一口氣。隨後又來了重重一擊，隨機選出的一萬四千個單字只能被壓縮60%。與絕妙好文的66%壓縮率相較，完全隨機的單字集合包含的資訊

比真正的文章還多。

在這個實驗中，我用了三篇文字範本：其中兩篇是各一千字的長文，分別是我和報紙編輯史蒂芬（Stefan）寫的；另外一篇則是我寫的五十字短文。我把這篇短文接在兩篇較長的文章後面，然後再壓縮這兩篇文章。

結果與義大利科學家的發現相符：當我那篇由四百六十二個字母組成的短文加到我的文章中時，WinZip需要一百五十九個額外的字母；若是接在史蒂芬的文章中，壓縮程式需要其他兩百零九個字母。因此，這證明短文不是史蒂芬寫的，而是在下的手筆。

註　釋

1　譯註：義大利劇作家，20世紀重要的荒誕劇場先驅，1934年獲頒諾貝爾文學獎。

2　譯註：德國神祕主義思想家和修士，其著作《遵主聖範》在1471年至1500年的三十年間共印刷了九十九版，為該時代的暢銷書。

38 自然界有哪些數學祕密？

摘要 向日葵籽的花心是以左旋或右旋的螺旋狀排列，螺旋中的種子數量通常對應了費波那契數列中的兩個連續數字；松果和鳳梨上的螺旋數或仙人掌的尖刺數，也對應出費波那契數列中的兩個連續數字，沒有人知道為什麼會這樣。

達西‧湯普生（D'Arcy Thompson, 1860-1948）是蘇格蘭生物學家、數學家及古典文學學者，向來以興趣廣泛和稍嫌古怪的習慣聞名。現今大家對他印象最深刻的，可能是他的先進大作：1917年出版的《論生長與形態》（On Growth and Form）。他在書中說明數學公式與程序可以描繪許多生物體和花朵的形狀，舉例來說，淡菜可以被具體描述為對數螺線，蜂巢的形狀則可以鋪滿一塊多邊形區域（且不留縫隙），而且其周長最小。

但湯普生最讓人驚訝的發現是：外觀看起來截然不同的動物，往往在數學上是相同的。利用正確的座標轉換，亦即拖、拉、轉，就可以使鯉魚變成翻車魚，其他動物也是如此。許多四足動物與鳥類之間的外觀差異，只是外形的線條長度與角度不同。

　　湯普生對這種現象的解釋是，因為不同的外力拉扯、擠壓動物的身體，它才變成適合環境的流線形或其他形狀。他寫道：「因為萬物過去是那個樣子，所以它們變成現在的模樣。」

　　變化後的外形代代相傳，由於這個理論可以解讀為對環境的適應能力，湯普生的發現剛好吻合當時已十分流行的達爾文觀點（離題一下，強化或扭曲面部及身體曲線的技術，包括耳朵突出、橢圓臉蛋、大鼻子，一直是幾世紀來漫畫家的謀生工具，為讀者帶來無數歡樂）。

　　這位知識豐富的蘇格蘭佬不是第一個用數學來說明自然現象的人，13世紀初，來自義大利比薩的里奧納多‧波那契（Leonardo Bonacci, 1170-1250）──後來稱作費波那契（Fibonacci，意即波那契之子）──早已研究過兔子的繁殖問題，也就是由一對兔子寶寶開始，算出之後各個時點的兔子總數各是多少。第一個月結束時，這對兔子已進入青春期，可以交配，數量則仍是兩隻；然後第二個月月底，母兔生了一對小兔子，所以共有一對成兔及一對幼兔；第三個月月底，成兔再度交配後，又生了一對兔寶寶，此時已經有了三對兔子。其中一對才剛出生，但另外兩對已經到了可交配的年齡，因為牠們是兔子，所以又交配了；一個月後，兔小孩及牠們的父母又各自生了一對兔寶寶，現在總共有五對兔子。

　　波那契問題的答案，就是我們稱為費波那契數列的一串數字。數列的前幾項為：1、2、3、5、8、13、21、34

……這個程序無限延續，每個數字都是之前兩個數字的和（例如13＋21＝34）。當然，這並不能證明將來兔子會占領全世界，只代表費波那契忘了考慮兔子過了一段時間會死掉這個因素（這個案例證明了，即使是毫無瑕疵的歸納，數學家有時還是會濫用他們的科學，以不正確的前提作開端，得出錯誤的結論）。

費波那契數列後來以多種面貌出現，例如向日葵籽的花心是以左旋或右旋的螺旋狀排列，螺旋中的種子數量通常對應了費波那契數列中的兩個連續數字，如21和34。松果和鳳梨上的螺旋數或仙人掌的尖刺數，也對應出費波那契數列中的兩個連續數字，沒有人知道為什麼會這樣，但有人懷疑這種現象與植物的生長效能有關。

過去一直致力研究竹子的比利時植物學家約翰・吉利斯（Johan Gielis），決定加入一長串科學家的行列，他們的野心是要把自然現象縮減為一個簡單的原則。他在《美國植物學期刊》（The American Journal of Botany）中發表的論文，由於強大宣傳機制的催化，以及文中所用的動聽字眼「超級公式」（Superformula），所以很快就激起了大眾的興趣。吉利斯在文中宣稱，許多在生物體上發現的形狀，都可以被簡化為單一的幾何形式。

他先從圓形的數學式著手，調整一些參數後，就可以變成橢圓形的數學式；然後再加入一些變化，又可以產生其他形狀，如三角形、正方形、星形、凸形及凹形，還有另外許

多形狀。吉利斯不像湯普生許多年前那樣，拖、拉或扭、捏圖形，而是操控超級公式中的六個變數，藉以模擬出不同動植物的圖形。因為圓形在變形之後，可以呈現出各式各樣的形狀，因此吉利斯主張這些形狀是相等的。

　　超級公式絕對不是較高等的數學，也無法產生革命性的理解或發現。雖然在媒體上轟動一時、佳評如潮，但超級公式仍比較像是業餘娛樂性的數學，嚴謹的科學家根本不把它當一回事。費波那契至少還以兔子繁殖，解釋了費波那契數列；湯普生則研究生物體所承受的作用力，以解釋他的變形論。反之，吉利斯的超級公式卻什麼也沒解釋，只是提出許多生物形式的大略描述。雖然有這個缺點，吉利斯仍為其數學式的演算法取得專利，甚至設立了一家公司來開發、行銷這項發明。

39 改正英文錯字

摘要 相較於更正錯誤，偵測錯誤簡單多了！

2002年8月，國際數學家大會在北京舉行，這場盛大的會議每四年舉辦一次，來自世界各地共襄盛舉的數學家高達數千人，是一個表揚傑出人才中的佼佼者的好機會。1982年開始，奈望林納獎〔Nevanlinna Prize，為紀念芬蘭數學家羅夫‧奈望林納（Rolf Nevanlinna, 1895-1980）[註1] 而命名〕首次頒發給在理論電腦學領域有卓越表現的人士。2002年的得主是麻省理工學院教授麥度‧蘇丹（Madhu Sudan），對他的讚詞中特別提到他在錯誤更正碼（error-correcting code）[註2] 方面的貢獻。

電腦使用者可能都十分熟悉錯誤修正軟體，例如大多數文字處理軟體都有拼字檢查功能，如果鍵入〔hte〕，就會有一條紅色波浪狀線條出現在這組無意義的字母組合下方，告訴我們英文中沒有這個單字，而這種功能通常被稱為「錯誤偵測」。

有些文字處理軟體的功能不只如此。舉例來說，英文中的t、h、e這三個字母組成的單字只有一個，因此打字者想打的字是無庸置疑的。於是先進的文字處理軟體會自動以「the」取代錯誤的字串，而這種情況就稱為錯誤更正。

相較於更正錯誤，偵測錯誤簡單多了！在傳輸文字或複製檔案時，納入「校驗和」就可以偵測錯誤。例如，對於數字串，可以用每位數字的總和來做檢查；如果傳送端與接收端的校驗和不一致，就知道至少有一個錯誤發生，必須重新傳送一次。

傳輸中的接收是一件費時的工作，所以若能在接收端自動修正錯誤，就能提高效率。因此，優良的軟體不會要求你重打「the」這個字，而是自動以正確的單字取代錯誤的「hte」。

這種功能是何時、如何發明的？令人訝異的是，它源於17世紀初葉天文學家及數學家刻卜勒一個完全不相干的問題。他提出的問題是：在蔬果店小貨車上堆柳丁或番茄時，哪種方式最有效率？換言之，如何讓每顆水果間的空隙最小？

堆番茄問題和修正錯誤有什麼關係？想像在一個三度空間中，字母沿著三個座標軸依相同間距排列，假設間隔是1公分。三個字母組成的單字可以被視為空間中的一點，x軸代表第一個字母，y軸是第二個字母，z軸則為第三個字母。如此一來，每個單字都可以表示為26×26×26公分方塊中的一點，英文中沒有的字則維持空白。於是如果傳輸的是無意義的字母序列，就會對應到一個空的空間，錯誤偵測程式會自動產生標示。錯誤更正程式還會有更進一步的動作：自動尋找最接近的「合法」單字。

合法點彼此之間的距離愈遠，對錯誤的疑慮就愈小，也更容易以正確的單字取代錯誤的字母序列。因此，為了避免

模糊不清，必須確保在每個合法單字周圍一定距離內，沒有其他合適的單字。另一方面，我們又想盡量把最多字塞到這個方塊中，於是問題變成是：如何在方塊中儲存最多的點，同時各點之間又保持最小距離？這也是刻卜勒自問的問題：如何將柳丁或番茄排列得最緊密，又不把彼此擠爛？

　　幾世紀來，蔬果店皆熟知蔬菜水果的最佳堆疊方式，就是排成蜂巢的形狀或六邊形，但直到1998年美國數學家黑爾斯才證實了這個猜想。理論上，由二十六個字母組成的方塊中，總共可以儲存一萬七千五百七十六（＝26^3）個三字母單字。刻卜勒問題的解答卻顯示，彼此相距一公分的單字，若用最緊密的疊法，可以在相同的空間中儲存兩萬五千個單字。另一方面，如果想在兩個單字間建立一個較寬的安全地帶，假設是兩公分，那麼最有效率的疊法只能容許儲存約三千個字。

　　若要處理超過三個字母以上的單字，必須利用三維以上的空間。但截至目前，更高維空間裡最有效率的堆疊方式仍未有定論。

註　　釋

1　譯註：芬蘭傑出的複變函數論學者，其理論後來被推廣至多複變函數與算術幾何，成為1990年代頗受矚目的數學理論。

2　譯註：一種誤差偵測碼，可自動偵測和修正錯誤。

40 無法計算出 長度的圍牆

摘要 沿著圍牆的水泥塊走走，很快就會發現圍牆常繞過一棟房子、在兩片田地之間蜿蜒而過，或是避開地形上的障礙，因此圍牆的實際長度可能比最精確的地圖所顯現的更長。

數學本應無關政治，但數學無所不在，即使政治裡也有數學的蹤影。用以色列在西岸建造的安全圍牆為例，其合法性曾受國際法庭檢驗，但不只是建造過程受到質疑，雙方連最簡單的事實都沒有共識：圍牆的長度。

以色列軍方發言人宣稱，環繞耶路撒冷的圍牆長五十四公里，但巴勒斯坦研究中心（Center for Palestinan Studies）的地理學家哈里・陶法吉（Khalil Toufakji）表示，檢視過軍方的資料後，他得到的結論是圍牆長七十二公里。

這次雙方可能都對或都錯，原因就藏在碎形（fractal）的數學理論裡。所謂碎形，是指重複出現但愈來愈小的幾何形狀。圍牆的長度取決於所用地圖的比例尺大小：當地圖上的一公分代表實際的四十公里（1：400,000）時，圍牆長度只有約四十公里。在比較詳細的地圖上，一公分對應五百公尺實際距離（1：50,000），可以分辨出圍牆更曲折的細

部，長度增加爲五十公里。在比例爲1：10,000的地圖上，可以看出更多細節，圍牆就變得更長了。

　　現在讓我們沿著圍牆的水泥塊走走，很快就會發現圍牆常繞過一棟房子、在兩片田地之間蜿蜒而過，或是避開地形上的障礙，即使在高比例的地圖上，也無法呈現這些細節，因此圍牆的實際長度可能比最精確的地圖所顯現的更長。忽然間，以色列與巴勒斯坦雙方宣稱的不同長度，變得合理而有意義。

　　這一切起始於法國數學家貝諾特・曼德布洛特（Benoit Mandelbrot, 1924- ）的一篇文章。他在1967年發表的論文〈英國的海岸線有多長？〉（How Long Is the Coast of Great Britain?）中，並沒有回答自己提出的這個問題。他指出那個問題毫無意義，在大比例的大英地圖中，大大小小的海灣清晰可見，但在較不精細的地圖中則無法顯現出這些海灣。而且如果實地步行測量懸崖與海灘，會得到更長的海岸線，其確實的長度視測量時的海面高度而定。

　　這項發現也適用於陸地上的邊界，除了定義爲直線的地理邊界（如南、北達科達州交界），並沒有所謂「正確」的邊界長度。例如，在西班牙和葡萄牙的教科書中，兩國的邊界長度相差了20%。這是因爲較小的國家利用較大比例的地圖來描述自己的國家，形成較長的邊界。

　　依據曼德布洛特的說法，唯一能做的定量描述是線條的「碎形維度」（fractal dimension），這是一種形容幾何物體不

規則程度的方式。所有海岸線與邊界的碎形維度皆介於1與2之間，線條的彎曲、轉折愈多，碎形維度愈高。猶他州和內華達州邊界的碎形維度是1，與一般規則線條的碎形維度相近；而英國海岸線的碎形維度是1.24，更曲折的挪威海岸碎形維度則是1.52。

碎形理論不僅應用於平面上的線條，也可應用於空間中的平面。例如，如果把瑞士的高山地形用熨斗燙平，這個國家就會變成像戈壁沙漠一樣大。幾年前，兩位物理學家計算出瑞士表面的維度是2.43，這個值大約介於維度2的平地沙漠與三度空間的正中間。

曼德布洛特以這篇讓人頭昏眼花的文章，宣告了碎形時代的來臨。不久，自然界中各式奇怪的形狀一一被發現，諸如樹木、蕨葉、血管與氣管、青花菜與花椰菜、閃電、雲朵與雪花結晶，還有股市的波動。

至於西岸圍牆，或許它還是蜿蜒些比較好。如果它完全是一直線，理論上可以由貝魯特直通麥加，那麼國際法庭眞的有得忙了。

41
為什麼雪花
總是六角形？

摘要 天文學家刻卜勒注意到，雖然每片雪花的形狀都不一樣，但全部是六角形。

日本札幌北海道大學的兩位物理學家，正在研究一種許多小孩子每年耶誕節來臨前都會觀察到的現象：從窗戶往外看，可能會發現吊在屋簷下的冰柱，而好奇心較重的孩子可能想知道冰柱上為什麼有一圈圈波紋，沿著冰柱等距分布。

這兩位物理學家已經離開了孩提時代，但好奇心還在，不禁想親自研究一下這個現象到底是怎麼回事。他們的第一個發現是，無論冰柱多長、氣溫幾度，兩個波峰總是相距一公分左右。於是兩位科學家提出了一個理論模型，來解釋這個令人訝異的冰柱共通結構。

冰柱是由沿著柱身流下的薄薄水層所形成的，一部分的水凝固了，其他的水從冰柱的尖端滴下。留下來的冰形狀並不規則，因此兩位科學家發現了兩種相反的作用，能夠解釋這個神祕的波紋現象。

第一種作用是所謂拉普拉斯不穩定性（Laplace instability），也就是積在冰柱表面凸出部分的冰比凹入部分的多，原因是冰柱凸出部分較容易受天氣影響，而凹入部分則受到凹

陷保護，因此凸出處比凹入處容易失溫，讓冰柱上的波紋在這些部分愈長愈厚。另一種作用則是防止波紋無限量成長，即所謂吉布斯─湯姆生效應（Gibbs-Thomson effect）。這種效應是指從冰柱體上向下流的薄水層對溫度有一種平衡作用，因此會阻止波紋大量生成。

兩位學者透過一百一十四條方程式，得到結論：兩個波峰之間的距離一定是一公分左右。他們的分析也預測，波紋會逐漸往冰柱下方移動，速度約為冰柱成長速度的一半。兩人希望未來可以很快以實驗來驗證這個現象。

兩位日本物理學家不是最先對寒冬現象產生興趣的人。四百年前，天文學家刻卜勒注意到，雖然每片雪花的形狀都不一樣，但全部是六角形。發現這個現象後，他很高興地動手寫了一本小冊子，在新年送給一個朋友。在這本名為《新年禮物或六角雪花》（*A New Year's Gift or On the Six-Cornered Snowflake*）的小冊子裡，刻卜勒試圖解釋這個現象。這位博學的科學家為這個神祕形狀提出幾個可能的原因。他先試著找出冰晶六角形與蜂巢的關係，但失敗了。他發現無法回答自己的問題之後，終於放棄。他在小冊的結語中表示，有一天化學家一定會找出雪花六角對稱的真正原因。刻卜勒的預言實現了，但這是直到三百年後的20世紀初，才由德國科學家馬克斯‧勞厄（Max von Laue, 1879-1969）[註1]在發明X射線晶體學後完成。只有靠這種新工具，才能看到並解釋雪花晶體結構的祕密。

　　雪花晶體是由包圍在大氣中盤旋而上的微塵粒子所形成的，當它們飄回潮濕的空氣中時，水分子會黏在核心（也就是微塵粒子）上。就像自然界其他事物，分子會盡量維持在能量最低的狀態。當溫度在冰點以下12°C至16°C之間時，水分子在晶格中的排列方式會變成每個分子旁邊有另外四個分子包圍，就像金字塔的形狀。在X光的幫助下，從上方向下看，這個結構就是一個六角形。雖然六角尖端只有小小的突出，但已足以產生後續的作用：在空氣中打轉的水分子，總喜歡降落在這些突起上面。於是尖端（或說是雪花的手臂）就像樹枝般持續成長，直到肉眼也能看見，而這就是雪花的形成過程。

註　　釋

1　譯註：提出X射線繞射原理，獲頒1914年諾貝爾物理學獎。

42
沙堡什麼時候會崩塌？

摘要 一旦沙粒堆疊了數層之後，新增的沙粒就可能滑到側邊，說不定還會引發沙崩。

夏天到了，許多人喜歡跑到海灘嬉戲。孩童歡歡喜喜地拿出他們的小水桶和鏟子，坐在臨水處，築起小沙堆，然後這些沙堆愈來愈大，最後轟然一聲，沙堆崩塌，變成平地。孩子再接再厲，又築起更多沙堆，直到它們同樣又塌陷毀壞為止。這是個不可多得的好機會，讓老爸親自出手幫小孩上一堂富教育意義的課。老爸嘟囔著說，只要孩子肯注意聽他說的話，就能蓋出更大的沙堡。但是他可能不知道，無論多麼小心，沙崩總是會讓沙堆四分五裂，即使沙粒從指縫間流過的速度再緩慢也沒用。令人訝異的是，崩塌總是在沙堆達到一定高度後才會發生。

隱藏在這些愉快夏日活動背後的，只不過是物理學的定律。每顆沙粒都有慣性，作用的外力則有重力及摩擦力。但這些尚不足以解釋為什麼會發生沙崩，必須全面觀察，才能了解沙堆的現象。

讓我們先把焦點放在微觀的角度，檢視桌面上一顆顆晶瑩剔透的沙粒。這些顆粒會試圖到達最低的表面，以維持最

低的能量狀態。如果用液體做個實驗，液體會擴散到整個桌面，最後沿著桌緣流下。然而，沙粒卻會因摩擦力而彼此聚在一起。只要沙堆高度不夠，每顆新添的沙粒都可以停留在當初它落在沙堆上時那個點上面。降落點可能是一顆沙粒的上方，那粒沙又在另一顆沙粒的上方。一旦沙粒堆疊了數層之後，新增的沙粒就可能滑到側邊，說不定還會引發沙崩。

小沙崩可以確保沙堆的陡峭程度不會超過一定限度，大沙崩也一樣。科學家實驗發現，沙崩的強度可以用1950年代貝諾・古騰堡（Beno Gutenberg, 1889-1960）和查爾斯・芮希特（Charles Richter, 1913-1984）[註1] 提出的定律解釋，那項定律描述的是地震發生的頻率：芮氏規模六級地震發生的次數，只有五級地震的十分之一。

沙崩現象是所謂自組臨界性（self-organized criticality）的一個例子。這個名詞是1988年丹麥物理學家彼爾・巴克（Per Bak）提出的。巴克、湯超（Chao Tank）和寇特・魏森菲爾德（Kurt Wiesenfeld）共同發現，許多相似分子組成的系統，會自動達到一個特定狀態，然後發生變化。在沙堆的例子中，臨界狀態是由側面的斜度來決定。

巴克及同事的概念是建立在一般通用的基礎上，因此他們的結論並不限於沙堆。不同的系統或事件都可以用相同的定律來解釋，例如森林大火、交通阻塞、股市崩盤，以及演化過程。

以股市為例，投資人（姑且稱之為華爾太太）決定在股

票價格到達某個水準時出售持股。街先生是華爾太太的同事，老是跟隨華爾太太的行動，他決定要跟著賣出手中的持股。其他人則可能追隨著華爾街的要角，引發更多投資人拋售股票。因此，少數投資人的行為的確能導致賣潮，並引發股市崩盤。事實上，統計學家已經發現，無論大小，股市崩盤發生的頻率和摧毀沙堆的沙崩相當類似。

另一個自組臨界性的例子是交通阻塞，在海邊輕鬆度假之前，必須先忍受到達海邊的路程。車流速度緩慢但穩定，突然間，前面一個駕駛踩了煞車，如果每輛車的距離不是太近，什麼事也不會發生。但就像一粒沙也可以造成沙崩一樣，如果車流量大，密度又高，一位駕駛的小小煞車動作就可能引起可怕的交通阻塞。用統計的說法，受阻塞的車輛數就等同於沙崩的規模。

註　　釋

1 譯註：1935年，德國地球物理學家古騰堡與美國物理學家、地震學家芮希特，共同提出芮氏地震規模畫分法。

43
為什麼總是
打不到蒼蠅？

摘要 有人沒被蒼蠅的嗡嗡聲吵到發狂過嗎？蒼蠅拍根本沒有用，因為每次想一拍子打扁牠時，牠總是能夠改變飛行路線，逃過一劫。

　　有人沒被蒼蠅的嗡嗡聲吵到發狂過嗎？蒼蠅拍根本沒有用，因為每次想一拍子打扁牠時，牠總是能夠改變飛行路線，逃過一劫。這一點也不令人意外，因為蒼蠅拍動十下翅膀就能做出特技般的轉彎，而這只需要二十分之一秒的時間。但蒼蠅為什麼能夠在半空中表演這些所謂掃視與急轉彎？

　　有兩項因素可能影響蒼蠅的空氣力學，一個是蒼蠅皮膚在空氣中的摩擦力；另一個則是身體的慣性，讓飛行中的蒼蠅能持續飛行。三十年來，我們假設大型動物，如鳥和蝙蝠等，其空氣力學是由慣性產生。而我們一般認為，蒼蠅體型太小了，無法從慣性中產生顯著效果。因此，科學家認為，小型動物飛行方向的瞬間轉變是靠著皮膚與空氣的摩擦力，所以蒼蠅其實好像是在空中游泳似的。

　　蘇黎世聯邦理工學院及蘇黎世大學共組的神經訊息研究中心（Institute of Neuroinformatics）的史蒂芬·弗萊（Steven Fry），以及來自加州理工學院的同行羅莎琳·莎亞曼（Rosalyn Sayaman）、麥可‧迪金森（Michael Dickinson），一起糾正了這個錯誤的觀念。在發表於《科學》期刊（Science）的論文中，他們研究了果蠅無動力自由飛翔的空氣力學機制。

這幾位研究人員在一間特別設計的實驗室中，裝設了三台高速數位攝影機。每台攝影機皆以每秒五千張的速度，拍下果蠅接近及避開阻礙時的動作，然後將記錄到的資料下載至電腦控制的機器蟲上。這隻蟲有依比例製造的人工翅膀，可浸入裝滿礦物油的水池裡。靠著這隻機器果蠅，三位科學家測量出飛行昆蟲拍動翅膀所產生的空氣動力。

這些實驗獲得了許多傑出的發現。他們注意到，果蠅急轉彎前，必須先以兩翅動作的微小差異形成扭轉力矩；但他們最有興趣的是果蠅一開始轉彎之後的行為。如果空氣摩擦力真的是果蠅急轉彎的決定因素，那麼只要拍幾下翅膀就足以克服阻力，然後果蠅很快就可以將翅膀回復到正常位置，繼續向前飛。然而，研究人員發現，事情並非如此。轉彎開始後的一瞬間，果蠅用翅膀製造出反轉力矩，但只持續不到幾下拍翅的時間。

為什麼果蠅要這麼做？開始轉彎後，蒼蠅雖然已經停止用翅膀製造力矩，但慣性仍然使果蠅繼續旋轉。就像溜冰選手表演腳尖旋轉一樣，果蠅也持續繞著自己的軸心旋轉。為了不讓身體轉個不停，果蠅「踩了煞車」。因為這種反向操舵技術只有在抵抗慣性時才會用到，三位研究員證明了慣性才是果蠅在空中飛行的決定因素。

44
交易菜鳥
活絡市場效率

摘要 當買方新手遇到賣方老手時，最有效率；而效率最差的情況，發生在雙方都是「老鳥」的時候。太熟悉遊戲規則，顯然是交易夥伴的阻礙，他們急著想找出雙方都能接受的價格。

....

上過經濟學第一堂課的學生都知道，根據亞當‧斯密（Adam Smith, 1723-1790）的理論，供給和需求決定商品的價格及數量。但在現實生活中，這種關係相當罕見。通常市場會受到許多無法控制的外力影響，造成與理論不符的結果。

經濟學家研究、了解市場與經濟行為時，一開始往往訴諸附加的假設、參數與變數。但困難仍然存在，不僅沒有更接近解答，模型反而變得愈來愈錯綜複雜、無法操控，而且不切實際。

因此，經濟學家效法物理學家及化學家，試圖用實驗來證明他們的論點。他們設立實驗室，盡可能模擬「真實的」市場狀況，最後觀察受試者如何做決策並參與經濟活動，實驗經濟學於焉誕生。

五十年前，哈佛大學的愛德華‧張伯倫（Edward Chamberlain, 1899-1967）利用哈佛學生來當天竺鼠，創先將實驗

方法應用於經濟學。很不幸地，他的結果悖離了新古典市場理論，實驗所得的數量高於競爭性市場均衡模型預測的結果，價格又偏低。幾年後，張伯倫的學生佛南·史密斯（Vernon Smith, 1927- ）改良了老師的方法。他的實驗產生出近似均衡市場的價格與數量，終於讓古典理論有了實驗的證實。史密斯和研究方向相近的以色列裔美國行為心理學家丹尼爾·卡尼曼（Daniel Kahneman），因這項研究成果而共同獲頒2002年諾貝爾經濟學獎。

在一項新實驗中，馬里蘭大學（University of Maryland）經濟學家約翰·李斯特（John List）再度進行古典理論的實驗。他將一些卓越的發現發表在《國家科學院期刊》。李斯特所用的經濟商品是球迷的熱門收藏品——棒球卡。為了尋找受試者，李斯特跑到收藏者市場，詢問許多交易者和參觀者參與實驗的意願。這些「選手」被分為四組：買方、賣方、新手和經驗豐富的「老鳥」。先發給每個賣方一張知名球員的球卡，球卡上的球員照片事先塗上鬍鬚，因此對真正的收藏家來說，這張球卡已經一文不值；但這可以確保參與實驗者不會臨陣脫逃，把球卡拿到真的市場上交易。

然後，李斯特將最高買價分配給每個買家，每位賣家則分配到最低賣價。這種保留價的安排方式，能夠產生供給與需求曲線，而且會讓兩條線在七張球卡與13美元至14美元價格處交叉。參與者有五分鐘時間尋求交易對象，討價還價，直到敲定成交價，或者談不攏。這個人造市場的效率，

是以實驗中成交球卡的價格、數量與古典理論預測值的接近程度來衡量。

李斯特的實驗結果果然很接近理論的預測。在二十個案例中,有十八個案例成交了六至八張球卡,其中十個例子的球卡平均價格剛好等於預測價格。

李斯特還注意到其他細節:市場經驗在市場效率中扮演了重要角色。當買方新手遇到賣方老手時,最有效率;而效率最差的情況,發生在雙方都是「老鳥」的時候。太熟悉遊戲規則,顯然是交易夥伴的阻礙,他們急著想找出雙方都能接受的價格。但對自由市場經濟的信仰者來說,這個發現實在讓人有些沮喪。

45
網路伺服器
的搖尾舞

摘要 蜜蜂搖尾舞可以在巢中提供其他蜜蜂關於花叢距離及品質的資訊。空閒的蜜蜂看到同事的搖尾舞後，就可以啓程工作。科學家根據蜜蜂的行為，設計了伺服器分配模型，並進行模擬測試。

羅馬學者及作家馬庫斯·泰倫提斯·瓦羅（Marcus Terentius Varro, 116BC-27BC）[註1] 相信，蜜蜂是絕佳的建築工程師。檢視牠們的六角形蜂巢後，他就懷疑這是一種以最少蜂蠟蓋出最多蜂蜜儲藏空間的結構。但最近又有人指出，蜜蜂也是極佳的電腦工程師。在瓦羅之後兩千年，牛津大學的蘇尼·納克拉尼（Sunil Nakrani）及喬治亞理工學院（Georgia Institute of Technology）的克瑞格·托維（Craig Tovey）在研討會中提出一篇論文，主題是社會性昆蟲的數學模型。他們模仿蜜蜂尋找花蜜的行為，找出了網路伺服器的最佳負荷分配方式。

生物學家卡爾·馮·弗里希（Karl von Frisch, 1886-1982）[註2] 是1930年代的諾貝爾獎得主，他發現了所謂蜜蜂搖尾舞（waggle dance），可以在巢中提供其他蜜蜂關於花叢距離及品質的資訊。空閒的蜜蜂看到同事的搖尾舞後，就可

以啓程工作（因爲蜂窩裡很黑，因此牠們並不是用眼睛「看」舞蹈，而是從空氣壓力的變化來推斷）。蜜蜂起飛前，彼此之間並不做溝通，所以牠們不知道哪個花叢可以收成多少花蜜，但依舊能讓採集花蜜的速率達到最大。貧瘠的花叢只由少數蜜蜂採集，收穫量大且距離近的花叢則有大量蜜蜂造訪。發生這種現象的原因是所謂群體智慧（swarm intelligence）：即使每隻蜜蜂只遵循少數指示，整個群體仍會表現出幾近最佳化的行爲。

納克拉尼及托維感興趣的是網路伺服器提供者面臨的問題。網路服務提供者提供數種網路服務，如拍賣、股票買賣、訂購機票等，他們依照每種服務的需求，來預測、分配特定數目的伺服器（稱爲一個群集）給各項服務。

兩位科學家根據蜜蜂的行爲，設計了伺服器分配模型，並進行模擬測試。接踵而來的使用者需求，分別被分配到各類服務的等候隊伍中，待需求完成之後，服務提供者就可以得到一筆收入。不同服務湧進的訂單數目不斷變動，如果能把使用率過低的伺服器分配到過載的群集中，就能增加利潤。但這同時也會提高成本，因爲重新分配的伺服器需要再度設定，也需要重灌新服務的軟體。在這段時間內（通常是五分鐘），伺服器將無法回應新進來的要求與訂單。如果等候時間（停工期）過長，失望的客戶就會離開，讓潛在的利潤消失。因此，爲了讓利潤最大化，服務提供者必須不斷在不同應用軟體間調度電腦系統，並適應需求量的變化。

計算獲利能力的傳統演算法有三種。第一種是「無所不知演算法」（omniscient algorithm）：在固定時段間隔決定前一個時段的最佳分配方式；第二種是「貪婪演算法」（greedy algorithm）：依照經驗法則，假設每個時段的所有服務需求水準，到下一個時段仍維持不變；第三種是「最適靜態演算法」（optimal-static algorithm）：倒回去計算整個期間內伺服器的最佳、不變（靜態）分配。

納克拉尼及托維以蜜蜂的策略來比喻這三種演算法。在他們的模型中，需求排成的隊伍代表等著被採集的花叢，個別的伺服器代表採蜜的蜜蜂，伺服器群集表示負責採集特定花叢的蜜蜂群。搖尾舞成為模型中的「告示板」，滿足要求之後，伺服器將貼出一張關於這個服務隊伍特性的告示，並附上特定機率。其他伺服器讀到的告示機率愈高，表示它們現在服務的隊伍獲利愈低。基於它們自己最近的經驗及張貼的告示，伺服器就像觀看搖尾舞的蜜蜂，決定是否要轉換到新的隊伍。從一套網路應用軟體轉換到另一套的成本，被比喻為蜜蜂觀看搖尾舞並轉換花叢所花費的時間。

模擬的結果顯示，從獲利能力的角度來看，蜜蜂採蜜的行為比三種演算法中的兩種好上1%至50%，只有無所不知演算法能產生較高的利潤。但這個演算法計算的是獲利的最高上限，在現實中並不適用，原因有二：第一，假設現在就能事先確知未來的客戶行為，是不切實際的；第二，計算最佳分配所需的電腦資源太龐大。

　　說些題外話，直到1988年，美國數學家黑爾斯才證明六角形蜂窩（六角晶格）是將平面分割為相等面積的最有效率方式（參見第九篇）。但蜜蜂不是完美的，雖然牠們有能力做出二維空間中的最佳結構配置，但在三維空間裡，備受讚美的蜂巢只是近似最佳。匈牙利數學家托斯在1964年設計出的蜂巢，比蜜蜂所用的蜂蠟少了0.3%。

註　　釋

1　譯註：羅馬學問最淵博的學者和知名作家，編寫了《學科要義九書》和《聖俗事物古跡》等著作，曾說：「上帝創造世界，人類建築城市。」
2　譯註：奧地利動物學家，專門研究蜜蜂的跳舞語言與定向。

46 誰擾亂股市？

摘要 不同類型投資人間的互動，如何導致股市中的意外、甚至是驚人事件？還有單一投資人的投資組合，如何能在喝杯咖啡的短暫時間內發生巨大改變？

股市每天上下起伏是件再正常不過的事，但事實上，股價每分鐘都有變動。每個經濟系的學生，在大一第一個星期的課堂上都學過──以利潤最大爲目標的投資人，其供給和需求決定了股票的價格。其中隱含的假設是，交易者對資訊的反應是理性且合理的。

但金融市場有時會出現意外的波動，無法以「古典理論」來解釋。2002年9月20日，倫敦證券交易所發生了重大特殊事件，當天早上十點十分，富時100指數（FTSE 100）在五分鐘內從三千八百六十點上升至四千零六十點；過了幾分鐘，又降至三千七百五十五點。經過持續二十分鐘的大幅震盪後，指數終於回到最初的數字。在這次莫名其妙的波動中，有些投資人賺了數百萬英鎊，有些則損失了約同樣的金額，而這一切都發生在不到半小時的時間內。

類似倫敦證券交易所發生的劇烈震盪，以及其他較常見的定期波動，都會讓觀察者分別想起液體中的亂流，以及吉他弦所產生的無聲振動。因此，不出所料，物理學家覺得有必要從事股市行爲的相關研究。耶路撒冷希伯來大學的索

林‧所羅門（Sorin Solomon）和他的學生里夫‧穆奇尼克
（Lev Muchnik）開發出一個模型，解釋了一些股市中難以理
解的事件。

　　他們的模型與傳統模型的差異在於，兩位以色列物理學
家並未假設股票交易者只有面對風險時的反應不同，他們設
定了各種不同類型的投資人。然而，各類投資人在股市裡的
互動實在太複雜，不容易用數學公式來描述。為了釐清股市
中發生的真實情形，他們觀察了模擬模型一段時間，認為那
是掌握股市現象的方式。

　　所羅門與穆奇尼克的模型，還包括了依據目前股票價格
高於或低於市場價格來買賣的投資人，以及幾個主導市場的
股市大戶，其行動對股價有直接的影響。最後，模型中還有
天真的散戶，他們單純依據過去的投資經驗來做買賣決策。
這個模型同時也考量了其他因素，例如新股上市、各種市場
機制等，市場的虛擬交易者各自獨立自主地進行交易，但他
們整體的行動決定了市場行為。

　　將所有變數輸入電腦之後，所羅門與穆奇尼克設計了一
個虛擬股市的模擬模型。這三種不同的投資人是否有助於解
釋股市難解的波動現象？

　　瞧！模型果然產生與實際股市一樣的行為：減幅振盪發
生了，然後忽然零星出現劇烈波動。這是否表示真實的股市
是這三種投資人組成的？當然不能這麼說，但至少模型說明
了不同類型投資人間的互動，如何導致股市中的意外、甚至

是**驚**人事件；還有單一投資人的投資組合，如何能在喝杯咖啡的短暫時間內發生巨大改變。

47 量子電腦決定資料加密成敗

摘要 量子電腦可能讓傳統加密方法失效，但也可能是下一代的加密工具。

當資料在網際網路中傳輸時，加密方法能保護個人識別碼（personal identification number, PIN），不讓別人知道，並且安全儲存醫療資訊、確保線上交易機密性、允許電子投票，以及驗證數位簽名。原則上，加密方法主要是靠數學運算的不可回復性（至少要難以回復）；換言之，對於某些特定的運算，沒有任何演算法可以在合理時間內倒算回去。

只能單一方向求解的運算稱為單向函數，「單向暗門函數」（one-way function with a trapdoor）是指可以反向求解的函數，但一定要有額外資訊才能解出，如密碼金鑰。舉例來說，兩個數字相乘很容易，但要將乘積分解很難，想找出解答的人必須嘗試各種可能的數字，直到找出不留餘數的除數為止。

這就是現在質數的乘積被用來加密訊息的原因：收件者先選出兩個質數，相乘之後公開，想傳送資訊給他的人會用這個乘積來加密訊息。只要數字夠大，反向運算（也就是將這個乘積分解為兩個質數）至今仍是不可能的任務，通常只

有擁有金鑰的收件者才知道是哪兩個質數，所以能解開加密
訊息。大型質數的乘積就是一種單向暗門函數，因爲把乘積
分解爲兩個質數是不可能的……除非已經事先知道其中一個
因數。

　　事實上，從來沒有人嚴謹地證明，顯示在合理時間內分
解大數字是不可能的。加上市面上電腦的速度一天比一天
快，不斷開發出複雜的演算法，使得尋找金鑰變得愈來愈有
效率，這些發展逐漸威脅到現有的加密方法。1970年時，
分解一個三十七位數的數字仍是一件轟動的大事；但如今因
數分解的紀錄已高達一百六十位數。2003年4月1日（這可
不是愚人節笑話），波昂的德國聯邦資訊科技安全辦公室
（German Federal Office for Security in Information Technology）
的五位數學家，成功地把一百六十位數這麼大的數字分解成
兩個八十位數的數字，而且目前仍不斷進行這類因數分解。
美國中情局、英國軍情五處或以色列莫薩德情報局是否可能
已經有了尋找金鑰的演算法，只是沒有透露？無論用於哪種
情況，爲了安全理由，目前建議使用三百位數以上的數字來
做加密。

　　但有一種名爲量子電腦的新科技宣稱，它將威脅到三百
位數、甚至三千位數以上的數字。與只能依序出現0、1兩
種狀態之一的二進位制（位元）數字相反，量子能同時以一
種以上的狀態出現，這表示量子電腦原則上可以同時處理大
量數學運算。若用傳統電腦來做類似大數因數分解的計算，

可能需要幾世紀，但量子電腦只需要幾秒。

　　截至目前為止，量子電腦依然只是空中樓閣。然而，資訊科技官員、網頁設計者及安全專家仍在尋求更好的加密方法，使安全性不再仰賴科技，而是憑靠自然法則。最近有兩位瑞士數學家提出一項建議，他們表示這種方法或許可以對抗量子電腦。在最近一期的《數學基礎》（*Elemente der Mathematik*）期刊上，討論到關於蘇黎世聯邦理工學院的麥可‧斯特魯維（Michael Struwe）及弗萊堡大學（University of Fribourg）的諾伯特‧亨格伯勒（Norbert Hungerbühler）所提出的加密方法，這種方法是以熱力學第二定律為基礎。熱力學第二定律是自然界最基本的原則之一，說明有些物理過程是無法逆轉的。舉例來說，要沖泡一杯拿鐵很簡單，過程是煮好咖啡、加入牛奶、攪拌，但要把拿鐵分離為牛奶和咖啡卻幾乎是不可能的。因此，沖泡拿鐵就是一種單向函數——沒有暗門的。

　　第二定律的另一個例子是熱流，不妨想像一片下方有蠟燭燃燒的加熱板。如果最初狀況（蠟燭的位置）已知，便能輕易算出熱的傳導；另一方面，依據第二定律，要追蹤已散布開的熱的起點是不可能的，也就是我們無法判定加熱板的哪一個部分之前曾受到燭火加熱。即使知道某一時點熱能在加熱板上的分布狀態，也無法歸納出最初的蠟燭位置。

　　亨格伯勒及斯特魯維利用這些現象，提出新奇的「公開金鑰」加密法。假設愛麗絲想送一則加密訊息給鮑伯，這兩

位夥伴先選擇加熱板下蠟燭的配置,這是他們的祕密金鑰 α 和 β。然後,愛麗絲與鮑伯利用熱流運算符號(H)計算一分鐘後加熱板上的熱能分布狀況(α*H和β*H,兩人各算一次)。這些熱能分布就是公開金鑰,愛麗絲與鮑伯把它們公布在資料夾或傳送到公用頻道中。因為熱能分布只能單向計算,潛在的竊密者就算知道公開金鑰,也無法推導出蠟燭的初始位置。

現在愛麗絲用蠟燭配置及鮑伯的熱能分布狀況(α* β* H)為訊息加密,這是兩組蠟燭同時放到加熱板下時的熱能分布狀況。因為熱流運算符號有可交換性,無論先放置哪一組蠟燭,對結果都沒有影響,因此鮑伯可以用他的蠟燭配置,以及愛麗絲公布的熱能分布狀況(β* α*H)來解開訊息的密碼,同時也能驗證寄件人是愛麗絲。這種加密方式不依賴科技,而是以傳統的自然法則與熱力學的數學性質為基礎,所以不會受到先進計算方法威脅。

很不幸的是,在可見的未來,不太可能用到熱加密法(ThermoCrypto)。箇中原因是,描述熱流的數學式是連續函數,而以數位電腦計算連續函數必須截斷數字。這種不可避免的進位誤差可以作為竊密者的起點,無法保證百分之百安全。諷刺的是,這時量子電腦就可以挽救這種局面。1980年代中期,物理學家理查・費曼(Richard Feynman, 1918-1988)及大衛・杜其(David Deutsch, 1953-)指出,因為量子電腦可以有無窮狀態,所以能夠藉由使進位誤差達到無

限小，模擬連續的物理系統。因此，將來有一天，量子電腦
可能讓傳統加密方法失效，但也可能是下一代的加密工具。

48 股市致勝 再簡單不過？

摘要 無論在一般或重大特殊情況下，市場參與者，包括生意人、博士或一般消費者，他們所做的決策往往與理論家建立的公理相反。

1940年代，當數學家馮諾曼及經濟學家摩根斯坦在普林斯頓大學寫出賽局理論這個曠世經典大作時，研究基礎是根據一項公理（即基本假設）：參賽者皆為理性的個體。這兩位科學家假設，所謂「經濟人」擁有周遭環境的全部資訊，即使最複雜的問題也能夠在一瞬間解出，不受個人喜好或偏見影響，總是可以做出正確的數學決定。

幾年後，1988年諾貝爾經濟學獎得主法國經濟學家莫里斯‧阿萊（Maurice Allais, 1911- ）發現，回答問卷時，若問卷涉及的情況機率很低而獎金很高時，受訪者往往會做出「錯誤決策」，使他們在現實生活中的決策違反傳統的預期效用理論。幾十年後，史丹福大學（Stanford University）的阿莫斯‧特沃斯（Amos Tversy）和普林斯頓大學的卡尼曼發現，無論在一般或重大特殊情況下，市場參與者，包括生意人、博士或一般消費者，他們所做的決策往往與理論家建立的公理相反（卡尼曼獲頒2002年諾貝爾經濟學獎）。

　　理論家並沒有被這種理論與現實之間的矛盾擊倒，他們把不按公理出牌的經濟人貼上不理性的標籤。科學家堅持，理論是對的，社會中總是有人反應錯誤。這些經濟學家沒有察覺到，固執地堅持這項信念，只會與現實漸行漸遠。

　　1978年諾貝爾經濟學獎得主赫伯特‧賽門（Herbert Simon, 1916-2001），試圖解釋金融市場中的行為為什麼常常與賽局理論的預期不一致。他提出「有限理性」（bounded rationality）的理論。賽門注意到，人們獲取資訊時必須負擔成本、面對不確定性，因此無法像機器一樣執行計算。他的發現離事實又更進了一步。但這項新發展不是萬靈丹，金融市場上觀察到的異常現象愈來愈明顯。輸贏金額超出一般水準的次數，遠比傳統理論所預測的更頻繁，波動程度也超過預估，過高的預期造成價格上漲。那些根本不在乎馮諾曼—摩根斯坦公理的市場玩家，屢次創造出比理性同儕更好的獲利，因此科學家必須尋找進一步的解釋。

　　在上一個世紀中，經濟學家經常向其他學科尋求工具，來協助他們回答關於決策科學與財務理論的問題，而新一代財務理論中的熱門學科是演化生物學。知名大學的教授把演化財務理論當作研究重點，謠傳基金經理人也將最近的研究成果應用於這個新領域。

　　2002年初夏，瑞士證券交易所邀請全世界的科學家與從業人員到蘇黎世參加研討會，發表他們最新的成果，而與會者不忘批評古典賽局理論已脫離現實。古典財務理論假設，

投資人會透過聰明的投資策略，盡量極大化其長期收入的現值。演化理論學家則指出，投資人只是遵循一些歷經不同狀況後所得出的簡單規則行事而已。

如同生物學程序，經濟學家也建立了社會經濟發展模型，包含選擇、突變與遺傳，以模擬學習的小溪及創新的激流。在快速且一個接一個的賽局中，投資策略扮演動物物種的角色，依據自然天擇的原則，將資本分配給不同的策略。投資基金以可獲利的策略來吸引更多資金而更加興旺，投資策略不良的基金則最後終會消失。此外，存活策略必須依循物競天擇的法則，持續自我調整，以適應市場環境的變化。

最重要的問題是，哪種投資策略能在充滿不確定性且經常發生災難的環境中生存？如果幾個投資策略一開始是同步運作，那麼哪個策略能夠長期存活？交易者對外來的意外干擾如何反應？

牛津大學的艾倫・格拉芬（Alan Grafen）在會中提出的論文，是回答這些問題的範例。在他的模型中，選手被視為生物，為了達到最佳健康狀態，他們依據環境及競爭者的策略來調整自己的行為。

格拉芬發現，人類並不像古典理論所說的，會陷入複雜的計算當中，他們只會遵循簡單的法則。如果這些法則成功了，產生令人滿意的結果，他們在市場上的滲透率就會增加。在某些情況下，他們的優勢反而有害，一旦弱勢的策略消失，就算成功的策略也不再產生高報酬，因為沒有剩下的

人可供掠奪。於是成功的策略也逐漸消失，就像獵物消失之後，肉食動物因為沒有獵食對象，只好邁向絕種一途。

49

侮辱使人
不理性？

摘要　實驗結果顯示，人類不僅依據事實與利益的計算來做決策，也受到情緒因素影響，例如嫉妒、偏見、利他主義、仇恨及其他種種人性的弱點。

　　有人答應給你同事10美元，條件是他必須與你分享這筆錢，如果你同意接受這項要求，那麼你們兩人都可以得到錢；但如果不同意，你們兩人就什麼都沒有。好了，同事建議你們一人拿一半，你要接受嗎？

　　你當然會接受！然後，你和朋友各拿一張5美元鈔票，高高興興地回家。但如果你的同事考慮一下後，發現出價的人是他，他大可以自己留下9.5美元，只給你5毛錢。那麼你會接受嗎？多數人會忿忿不平地拒絕：「他以為他是誰？我寧可不要這5毛，也不願意讓這個混蛋拿走9.5美元！」

　　這類反應在世界各地進行的實驗中已反覆上演多次，讓人有些意外，因為這種現象與傳統經濟理論不符，畢竟拒絕這5毛錢並不理性。5毛錢的出價雖然不太公平，但另一個選擇，也就是空手而回，結果更糟！但處於這種情況下的人，為什麼會做出如此不理性的反應？

　　這種所謂最後通牒遊戲（ultimatum game），讓經濟學家

頭痛了好幾年。他們總是假設經濟決策都是以理性思考程序為基礎：決策者會先計算行動的成本與效益，權衡不同情境的機率，然後做出最佳決策。這是經濟理論的基本假設。

經過數年的最後通牒遊戲實驗後，呈現出的結果是：這項假設對團體決策（如廠商與政府機關）可能是對的，卻不適用於個人決策。實驗結果顯示，人類不僅依據事實與利益的計算來做決策，也受到情緒因素影響，例如嫉妒、偏見、利他主義、仇恨及其他種種人性的弱點。

為了解釋最後通牒遊戲的矛盾結果，科學家提出演化機制。他們的論點是，拒絕微不足道的金額可以維護個人形象。「我可不是軟腳蝦！下次他要提出這種侮辱人的價格之前，叫他先想清楚！」科學家相信，長期下來，個人的社會形象或許可以增加他的生存機會。

普林斯頓大學與匹茲堡大學的研究人員採取另一種不同的方式，希望更深一層了解最後通牒遊戲的決策。他們研究了大腦中發生的生理過程。這是一種探討經濟決策的簡化方式，僅以單純的神經元、軸突、突觸及樹突間的化學與機械互動，是研究經濟與決策理論的創新觀點。

心理學家和精神病學家組成了研究小組，為十九位受試者進行最後通牒遊戲。這些受試者必須同時與人類及電腦競賽，他們一一被送至磁振造影掃描器下，掃描器會標示出大腦血流改變的部位，那表示該區的神經活動增加。

根據《科學》期刊的一篇報導，他們的實驗成功了，確

認出進行最後通牒遊戲時大腦活化的部位。但出乎意料的是，不僅在平時思考時會活化的部分，即後側前額葉皮質變得忙碌，另一個與負面情緒相關的區域也活化了：出價的金額愈令人難堪，神經元活動的強度愈明顯。這個所謂前腦島，正是大腦在發生強烈反感時（如聞到或嚐到厭惡的味道）會活化的區域。

他們還有另一項意外發現，就是受試者的反應會依出價對象不同而有差異，與人類的出價相較，電腦提出的不公平出價所引起的前腦島活動較小，被拒絕的次數也較少。畢竟，人不會讓自己被一台電腦侮辱。

50 聖經密碼

摘要 破解了上帝訊息的消息引起喧然大波。1997年，第一本有關聖經密碼的暢銷書上市，引起懷疑論者的注意。

1994年，學術期刊《統計科學》(*Statistical Science*) 的編輯刊出〈聖經創世紀裡的等距字母序列〉(*Equidistant Letter Sequences in the Book of Genesis*) 一文時，並不知道他們啓動了一場超過十年的爭議。作者道倫·魏茨滕 (Doron Witztum)、伊利雅胡·芮普斯 (Eliyahu Rips) 及尤夫·羅森柏格 (Yoav Rosenberg) 在文中探討〈創世紀〉裡是否藏有祕密訊息，可以預言《聖經》完成後數千年發生的事件。

根據猶太法律，《聖經》的希伯來文內文在大量謄寫時一個字也不能更動。這就是爲什麼今日許多人仍相信，《聖經》的內文與當初上帝在西奈山口述給摩西聽的內容一模一樣。

三位作者相信，他們已經找到聖經密碼存在的統計證據：如果把〈創世紀〉的內文沿直線排列，中間不留空格，每隔固定間隔挑出字母，就會組成有意義的字句。這些單字被稱爲ELSs，即「等距字母序列」(equidistant letter sequence，其間隔可以是隨意的長度，有時有幾千個字母)。《國家科學院期刊》拒絕刊登這篇文章，但因爲該文所用的數學工具看起來很不錯，所以《統計科學》同意刊登。然而，這份期

刊的編輯委員會並沒有認真看待文中所宣稱的事，還在簡介中質疑它的科學有效性。他們不認為發現了傳說中的聖經密碼是一項科學成就，只是視為謎題。

三位作者表示，在〈創世紀〉中，成對相關單字的ELSs位置彼此接近的機率大於純粹的偶然。為了證明他們的論點，他們檢視了六十六位猶太祭司的生日與祭日（在希伯來文中，以字母的組合代表數字）。不出作者所料，屬於同一個祭司的ELSs位置，明顯比隨機文字或指定錯誤日期給該祭司的時候近。他們主張，這可以證明，《聖經》很可能在猶太學者出生的許多世紀以前，就預測了他們的出現。美國國家安全局（National Security Agency）的解碼員哈洛德·甘斯（Harold Gans）進一步探討這項分析結果。他以猶太學者曾經活躍的城市名稱取代日期，而研究結果也顯示，內文中ELSs對的接近並非純粹偶然。

破解了上帝訊息的消息引起喧然大波。1997年，第一本有關聖經密碼的暢銷書上市，引起懷疑論者的注意。澳洲數學教授布萊登·馬凱（Brendan McKay）及來自以色列的瑪雅·巴希蕾（Maya Bar-Hillel）、杜爾·巴納丹（Dror Bar-Natan）、吉爾·卡萊（Gil Kalai），準備揭穿他們認為的假科學騙局。不出所料，這些懷疑論者並未發現任何關於隱藏密碼的統計證據；更糟的是，他們指出，原始論文中的資料曾被「最佳化」，等於委婉地指控魏茨滕、芮普斯和羅森柏格曾調整原始資料，來配合他們的研究。受到幾位統計學家的

鼓勵後，他們的評估發表在1999年的《統計科學》上。

　　如果編輯們以為風波可以從此平息，就大錯特錯了，第二篇文章對辯論產生火上加油的作用。它沒能抑制聖經密碼擁護者的熱情，很快地《白鯨記》（Moby Dick）及《戰爭與和平》（War and Peace）中也被發現有「祕密」訊息。在這種緊張的氣氛下，以色列希伯來大學理性中心（Center for Rationality）的科學家認為，是把聖經密碼這個問題訴諸冷靜、科學分析的時候了。他們成立了一個五人小組，負責釐清事實真相，小組成員由密碼擁護者、反對者與懷疑者組成，包括地位崇高的數學家，如羅伯・奧曼（Robert Aumann, 1930-　）[註1]，他是研究賽局理論的數學高手，還有遍歷理論（ergodic theory）[註2]的知名專家希勒爾・富森柏格（Hillel Furstenberg, 1935-　）。

　　為什麼證明一篇相關文件皆齊備的論文如此困難？問題之一是，希伯來文沒有母音，若是隨意排列字母，單字出現的頻率高於其他文字。隨便選出一組字母，剛好可以排出一個城市名稱（如Basle）的機率，大約是一千兩百萬分之一。在希伯來文裡，同樣這個字Bsl，出現的機率高了許多，約為一萬分之一（希伯來文只有二十二個字母）。爭議不斷的另一個原因是，相同名稱在希伯來文裡有不同寫法，尤其是從俄文、波蘭文或德文翻譯過來時。舉例來說，12世紀猶太祭司拉比・耶胡達・哈赫西得（Rabbi Yehuda Ha-Hasid）活躍的德國城市名稱應該怎麼寫？是Regensburg、Regenspurg，還

是Regenspurk？這種彈性讓研究人員準備資料時，有一定程度的自由度。

　　為了消除資料蒐集過程的疑點，五人小組指派了一些獨立專家來負責編譯地名。為了謹慎起見，他們的身分保密，而且應該只以書面提供指示。萬事俱備後，這個小組展開任務：把所有指示扔掉。由於給專家的指示說明有些是書面的，有些是口頭的，有些則是錯的，所以有些專家誤解了解釋，有些犯了拼字錯誤，例如弄混了西班牙城市托雷多（Toledo）和圖德拉（Tudela）、祭司夏拉比（Sharabi）和夏比茲（Shabazi），以及死亡地點和埋葬地點等。

　　接下來簡直諸事不順，初期階段就有兩名小組成員離開，剩下的三位教授中有一位拒絕在最終報告上簽名。最後在2004年7月，由兩位成員（奧曼與富森柏格）發表了多數報告。另外有兩位寫了少數報告，第五位則對聖經密碼完全失去興趣，不想再被打擾。五位小組成員中的兩位無法形成多數，而這還只是小組不協調的成果之一。

　　「多數報告」指出，沒有統計數據可以證明〈創世紀〉中有密碼，當然這不等於說聖經密碼不存在。少數報告則指控小組的實驗充滿錯誤，因此不具任何意義。奧曼與富森柏格在第二次答辯時，反駁這項指控，提出新的報告書。對於這項指控的種種批評、反駁、響應、辯護，他們都準備得如上法庭般一絲不苟，資料塞滿了檔案夾。

　　各方都用上了平時學術爭議中少見的謊言、假貨、騙子

等字眼。最初的三位作者公開賭100萬美元，宣稱〈創世紀〉裡的ELSs單字對，比托爾斯泰（Tolstoy）的《戰爭與和平》裡的更多。雖然沒有人下注，但富森柏格仍要求密碼擁護者設計更有意義的試驗，而最切中要害的可能是奧曼的兩句話：「無論證據是什麼，每個人還是會堅持自己最初的想法。」

註　釋

1 譯註：2005年諾貝爾經濟學獎得主，主要研究領域為動態和多次重複的不合作賽局，探討在何種條件下，參賽者可經由短期衝突走向長期合作的雙贏結果。

2 編按：一般來說，時間平均和空間平均可能不同，但如果變換是遍歷的，而該測度不變，則時間均值和空間均值幾乎處處相等。